これでネコと もっと 話ができる 70の大切なこと

ネコマニア・ラボ 編著

はじめに

ネコ語の翻訳本『これでネコと話ができる73の大切なこと』の誕生から1年余り――。「こういう鳴き声の翻訳も欲しい」、「こういった場合のネコの気持ちも知りたい」という声をたくさんいただきました。そしてこの度、満を持してネコ語の翻訳本第2弾の登場です！

イヌに勝るとも劣らない感情豊かなネコのこと、前書では紹介しきれなかった鳴き声・しぐさ・リアクションがまだまだたくさんあります。そこで新たな〝ネコ語〟70パターンを全翻訳しました。

ネコ語から愛するネコの気持ちがわかれば、してほしいこと、してほしくないことがズバリわかります。そうすれば、気まぐれなネコもあなたを『もっと』好きになり、『もっと』お互いの絆も深まるでしょう。ネコとの幸せな毎日のため、前書とあわせて本書を活用してくださいね！

ネコマニア・ラボ

これでネコともっと話ができる70の大切なこと……目次

第1章 にゃんコトバをズバリ翻訳

第2章

人間界とはちょいとルールが違う？ ネコ界の「常識・非常識」を探れ！

第4章 分かっているようで分からない!? ネコが送る「メッセージ」を読みとこう

※本書で紹介している翻訳は、ネコの置かれた環境や状況、性格によって意味が変わってくることがあります。気持ちを理解する目安としてください。

【本書の読み方】本書ではネコ語として「鳴き声」30種と「動作」40種の計70語を紹介しています。各ページのなかにはさまざまな情報がつまっているので、ここで予習してからご覧ください。

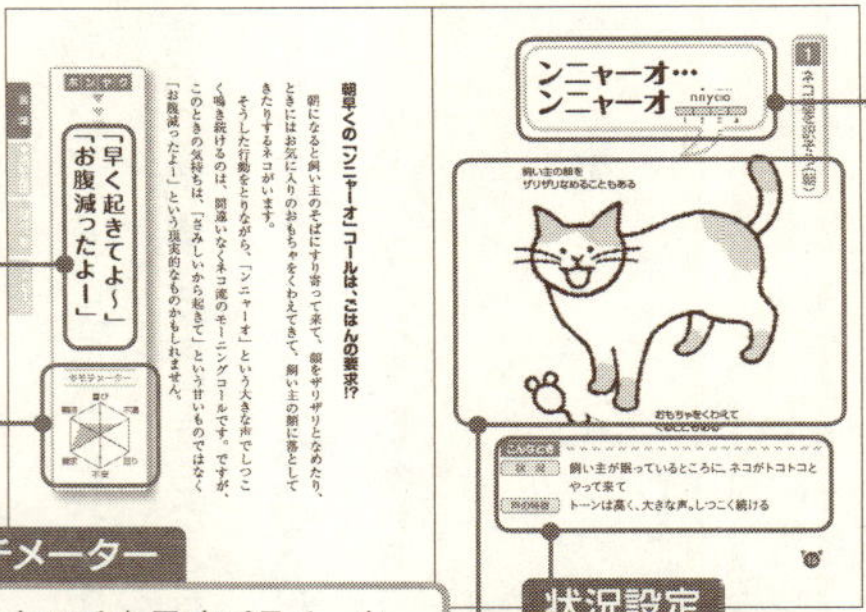
ンニャーオ…
ンニャーオ
nnyao
「早く起きてよ～」
「お腹減ったよー」

キモチメーター

ネコのキモチを示すパラメーターです。嬉しいのか、何か不満があるのか、見極める目安になります。

状況設定

もっともその鳴き声が見られそうなシーンとして、各項目に状況を設定してあります。

イヌ語の翻訳

ネコ語の日本語訳です。本書の状況設定に合わせた訳になっているので、実際の状況に合わせて読み変えてみてください。

体の特徴

ネコ語を正しく訳すには、鳴き声だけでは不十分。耳やしっぽにあらわれるメッセージをお忘れなく。

発音の読み

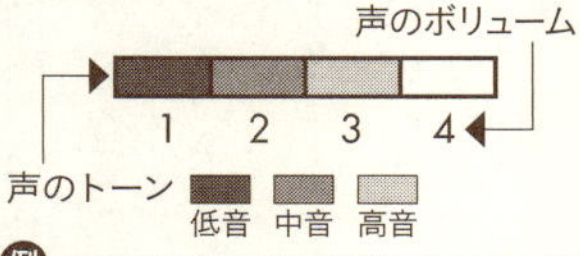
声のボリューム
1 2 3 4
声のトーン
低音 中音 高音

nyá（上向き矢印）…音程を上げる

nyà（下向き矢印）…音程を下げる

ṅya（黒 点）………もっとも大きく

nya（波 線）………音を伸ばす

例

ンニャーオ
nnyao
1 2 3 4

メーターが示すように、声の高さは高音程度。ボリュームが大きく、うるさく感じる声です。

第1章 アドバイザー：岩田麻美子（ネコ写真家、ネコライター。ショージャッジ。All Aboutオフィシャル猫ガイド）

第1章

新版！

「ニャン」と「ニャオ」の違いはな〜に？

にゃんコトバをズバリ翻訳

ネコ語レッスンの前に……

ネコの鳴き声は「ニャー」という一般的な鳴き声から、「ゴロゴロ」いうノド鳴らし、など、たくさんの種類があります。

それらの音を、大きく分けると次のように分類できます。

ニャー　＝ネコが人間に対して要求を示すときの鳴き声
ゴロゴロ＝満足感やくつろぎを示すノド鳴らし。自身を落ち着かせる効果も
ウー　＝鼻を鳴らすウーは威嚇や挑戦。せきをするようなウーは警告
シュー　＝ヘビのような音は、威嚇のために使われるほか、恐怖時にも
ギャー　＝長く続く叫びは威嚇や防御、攻撃。金切り声は恐怖・苦痛時に出る
カッカッカッカ＝鳥を見たときなど、興奮時に発せられる

細かく見るとほかにもありますが、この6つがネコの鳴き声の代表的なものだといえるでしょう。

左上に示したマトリクスは、この鳴き声の分類と感情を図示したものです。本章

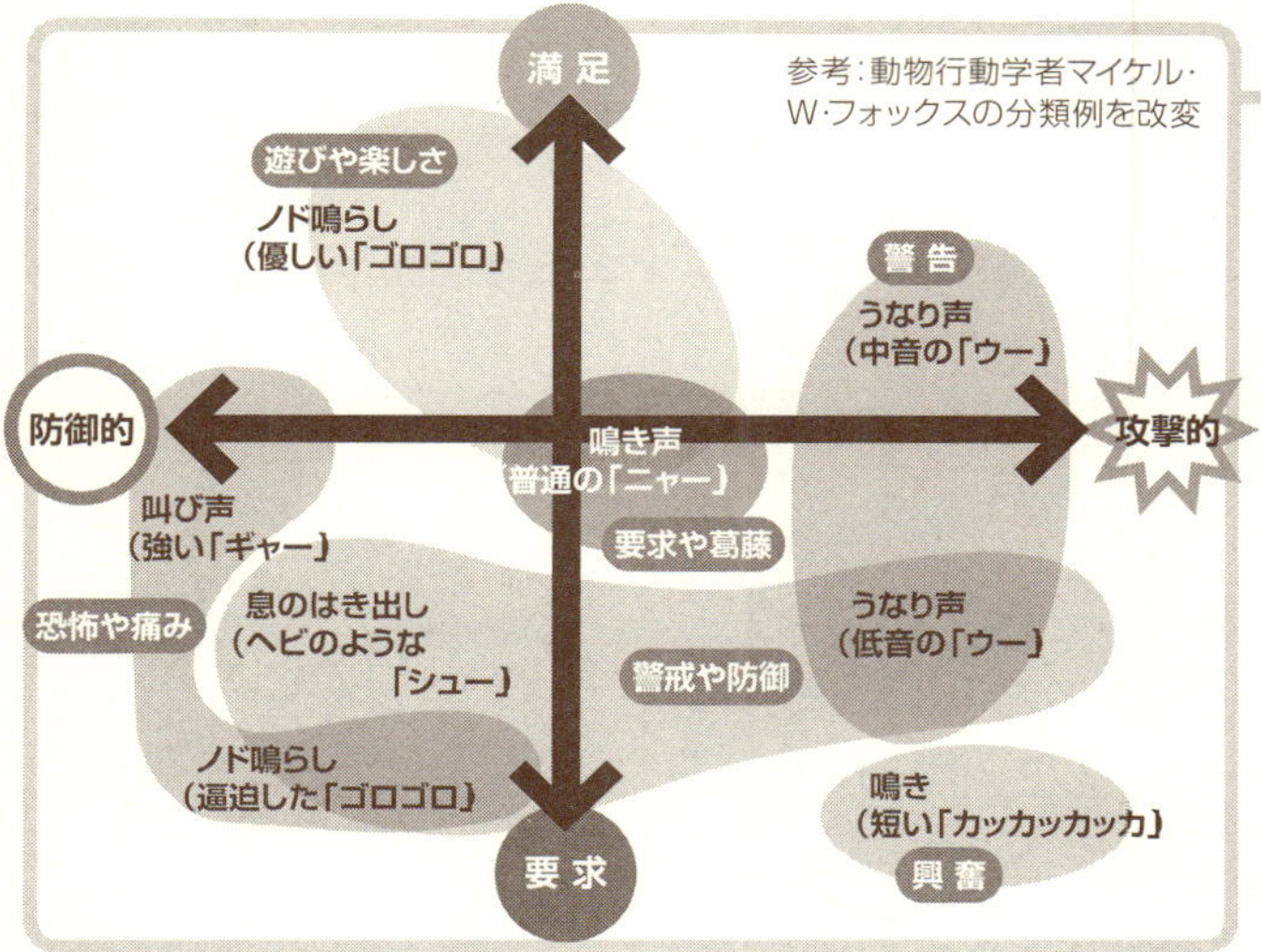
参考：動物行動学者マイケル・W・フォックスの分類例を改変
満足
要求
防御的
攻撃的
遊びや楽しさ
ノド鳴らし
（優しい「ゴロゴロ」）
警告
うなり声
（中音の「ウー」）
鳴き声
（普通の「ニャー」）
要求や葛藤
叫び声
（強い「ギャー」）
恐怖や痛み
息のはき出し
（ヘビのような
「シュー」）
警戒や防御
うなり声
（低音の「ウー」）
ノド鳴らし
（逼迫した「ゴロゴロ」）
鳴き
（短い「カッカッカッカ」）
興奮

ではこのマトリクスをもとに翻訳をしています。

もちろん、ネコの気持ちは、すべてを図で示せるほど単純ではありません。

鳴き声にしても、「ゴロゴロ」とノドを鳴らしてからの「ニャー」と、単独の「ニャー」は意味が異なるなど、ネコは鳴き声を使い分けているからです。また、音は同じでも、鳴き声を発する状況の違いで、感情は異なるので、注意してください。

それを踏まえ、本章ではもっともネコの気持ちに近いと思われる翻訳例を紹介していきます。

ンニャーオ…
ンニャーオ

nnyao

1 2 3 4

飼い主の顔を
ザリザリなめることもある
おもちゃをくわえて
くることもある

こんなとき

状　況	飼い主が眠っているところに、ネコがトコトコとやって来て
声の特徴	トーンは高く、大きな声。しつこく続ける

朝早くの「ンニャーオ」コールは、ごはんの要求!?

朝になると飼い主のそばにすり寄って来て、顔をザリザリとなめたり、ときにはお気に入りのおもちゃをくわえてきて、飼い主の顔に落としてきたりするネコがいます。

そうした行動をとりながら、「ンニャーオ」という大きな声でしつこく鳴き続けるのは、間違いなくネコ流のモーニングコールです。ですが、このときの気持ちは、「さみしいから起きて」という甘いものではなく「お腹減ったよー」という現実的なものかもしれません。

ホンヤク

「早く起きてよ~」
「お腹減ったよー」

キモチメーター

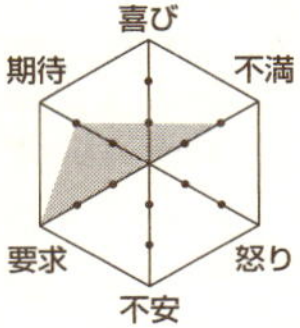

ゴハァーーン

goha-n

1 2 3 4

しっぽをピンと
上げている
飼い主をじっと
見上げる

こんなとき

状　況	もうすぐごはんの時間というときにネコがお皿の前にやって来て一声
声の特徴	声は高く、意志がはっきり伝わる強い声

「ゴハァーーン」は、やっぱりごはんのおねだり！

ネコは人の言葉をよく聞いています。そして、賢いコだと飼い主の言葉をマネて鳴くようになります。よく、「しゃべるネコ」としてメディアで紹介されているにゃんこがいますが、それも飼い主の言葉を聞いて、コミュニケーションをはかろうとしているネコなのでしょう。

そんな中で、ネコにとってマネしやすい言葉が、「ごはん」かもしれません。ネコも「ゴハァーーン」と人間さながらに発音すれば、飼い主が喜んで用意してくれると知っているのです。

ホンヤク

「メシーーー!!」

キモチメーター

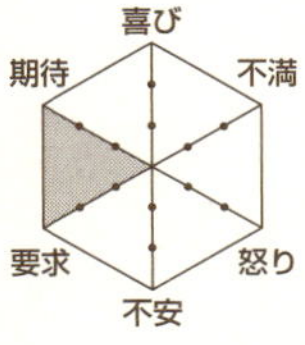

ナーナー

na na

1 2 3 4

額や上半身を
すりつけてくる
ことも
トロンとした
表情

こんなとき

状　況　朝食後、新聞を読んでいる飼い主の腕のスキマにネコが体を入れてきて

声の特徴　鼻にかかったような小さな声で、低くも高くもない。「ナ」はにごった音。

甘えたような「ナーナー」は、「なでて」の意味

気分屋のネコだって、甘えん坊になるときはあります。腕のスキマに入り込み、身をすり寄せてくるネコが、「ナーナー」と鳴きながら、上半身、とくに額をスリスリとすりつけてきたときは、「なでてほしい」というアピールです。

こうした甘えん坊気分のネコは、まさに赤ちゃん返りをしている状態。毛布や飼い主の服をチューチュー吸ったり、もんだりすることもあるでしょう。なでて応えてあげたいものです。

ホンヤク

▼▼▼

「ねぇ、なでて」

キモチメーター

ゥアオーン…
ゥアオーン

uao-n

1 2 3 4

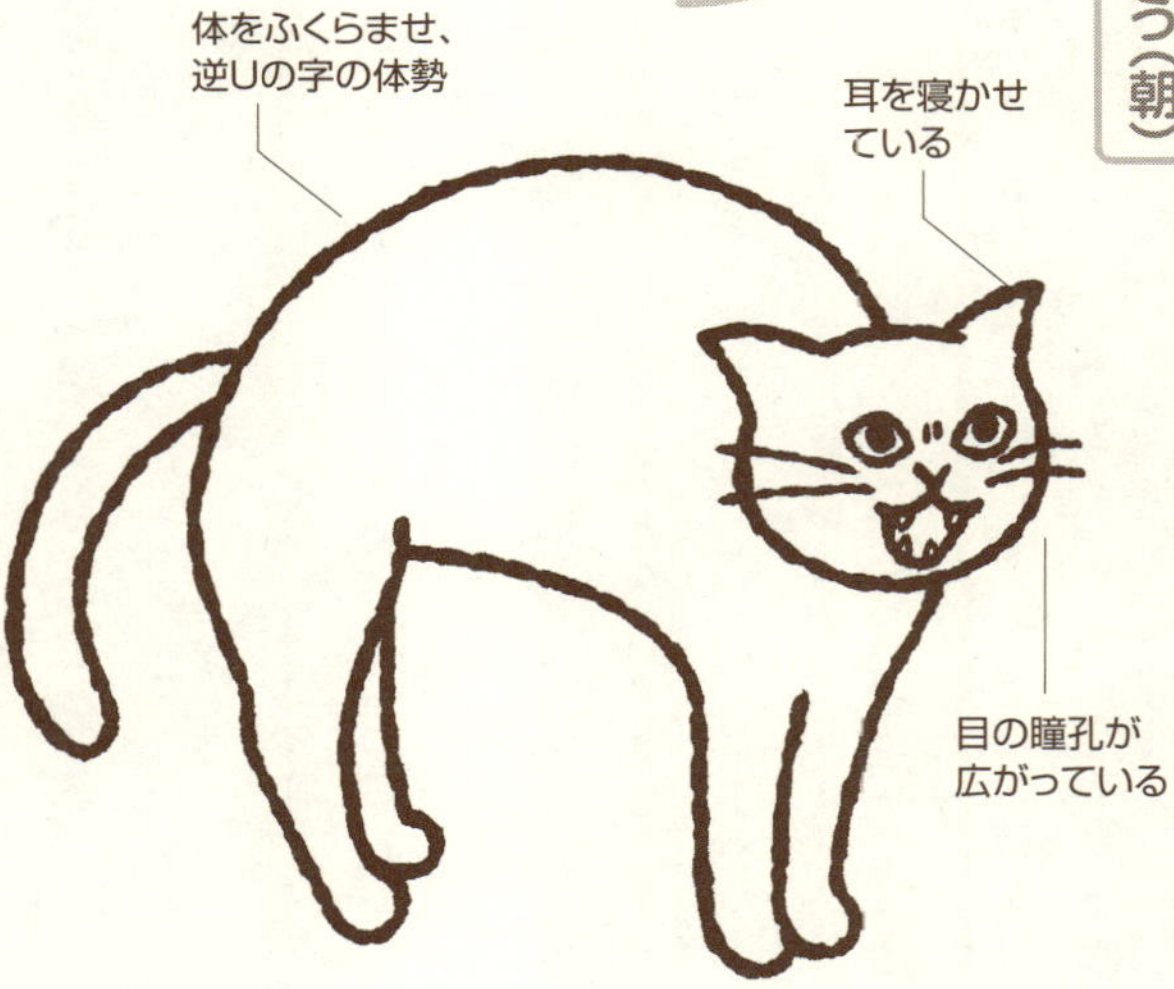
体をふくらませ、
逆Uの字の体勢
耳を寝かせ
ている
目の瞳孔が
広がっている

こんなとき

状　況	掃除機など、ネコにとって嫌いなものを目にしたとき
声の特徴	頭のてっぺんから出るような声。何度も鳴き続ける

苦手なものに対する「ゥアオーン」は恐怖心の高まり

朝、掃除機を目にしたネコが、「ゥアオーン」と頭のてっぺんから声を出すことがあります。

これは威嚇の声ですが、その裏には恐れがあります。得体の知れないものが大きな音を出して接近するわけですから、こわいのは当然。ほかのネコとはち合わせたときのように、「どっか行けよ！」と叫ぶのです。

もちろん掃除機が応戦することはありませんから、ネコが落ち着きをとり戻すか、さっさと逃げてしまうかしてその場は収まるでしょう。

ホンヤク

「こいつ……どっか行けよ！」

キモチメーター

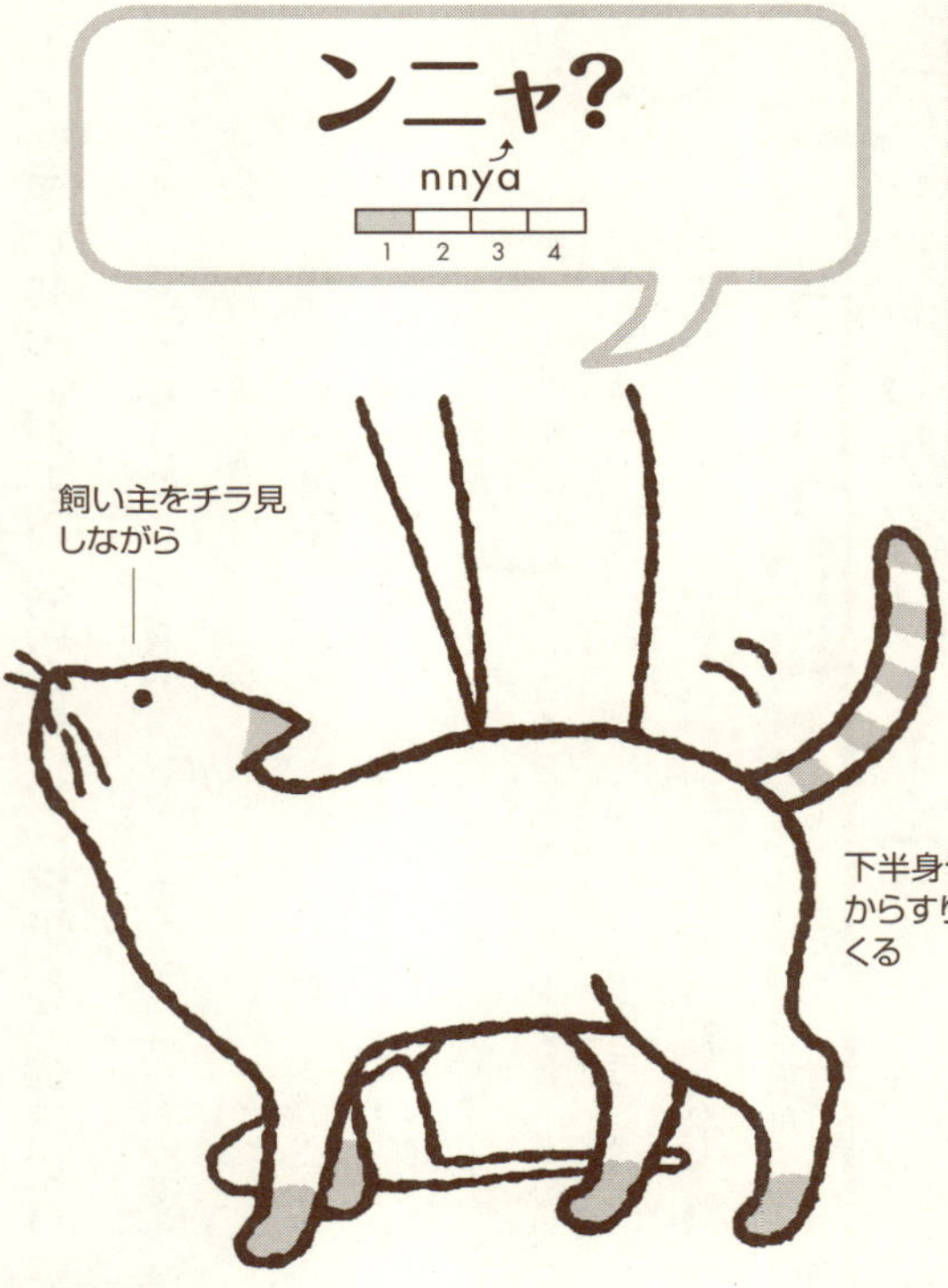
ンニャ?
nnya
1 2 3 4
飼い主をチラ見
しながら
下半身やおしり
からすり寄って
くる

こんなとき

状況	飼い主が出かけようと、慌ただしく支度をしていると寄ってきて一声
声の特徴	甲高く、子どもっぽい声

飼い主が出かける前の「ンニャ?」という呼びかけの意味は?

飼い主が出かけるために支度をしていると、ネコが近寄って来て「ンニャ?」と声をかけてくることがあります。これはまさに「……行っちゃうの?」という心細さからくる声です。子どもがお母さんに向かって語りかけているのに似ているでしょう。

さみしがり屋のネコの場合、玄関までついてきて鳴き続けます。飼い主は不憫《ふびん》に思うかもしれませんが、意外とネコはあっさりしていて、飼い主が外に出るとすぐに部屋に戻ってお昼寝をする……なんてことも。

ホンヤク

「……行っちゃうの?」

キモチメーター

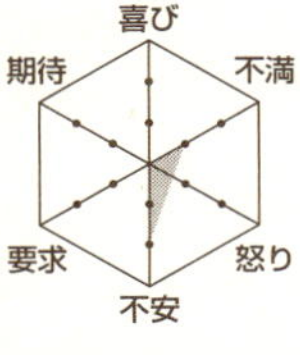

ニャ

nya

1 2 3 4

耳を立たせ、ヒゲは
緩やかに広がっている
歩きながらだったり、
座りながらだったり

こんなとき

状　況　飼い主の「いいコでお留守番していてね」という語りかけに対して

声の特徴　短く、つぶやくような声。一回で終える

呼びかけに対する「ニャ」はお返事ではない!?

飼い主と親しい関係にあり、信頼関係が築けているネコは、飼い主が話しかけると「ニャ」と言葉を返すことがあります。

一見、飼い主の呼びかけに応えているようですが、本当はネコ自身が自分の中で納得した、という意味で鳴いているのかもしれません。

人間も、誰かの話を聞いて、「なるほどねー」「はいはい」など、相手に対してではなく、自分に対しつぶやくことがあるでしょう。ですからこれを訳するなら、「そっかぁ」といったところでしょうか。

ホンヤク

「はいはい」
「そっかぁ」

キモチメーター

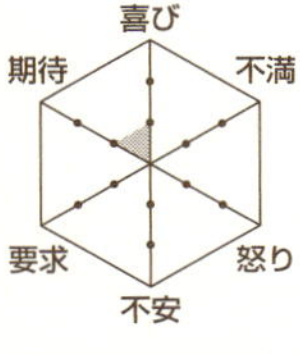

ウキャキャキャキャ

ukyakyakyakya

1 2 3 4

体を弓なりにし、
つま先立ち
目がキラキラ
輝いている
ヒゲが前を向き、
耳も前方に
向けられている

こんなとき

状況 飼い主が出かけているあいだ、ネコがおもちゃで一人遊びをしている

声の特徴 甲高く、猿の鳴き声に近い

猿のような声が出たら興奮度マックス！

仕事などで飼い主が家を開けているあいだ、ネコは昼寝をしたり一人遊びをしたりして、時間をつぶします。そして遊びをしているときにときどき聞かれるのが、この「ウキャキャキャキャキャ」という声。

猿が山で鳴いているような甲高い声は、体の奥から楽しさの感情があふれ出たもので、「興奮するぞ～」とさけんでいるのです。

一人遊びだけではなく、飼い主がじょうずにおもちゃを操り、ネコの興奮を誘っても、この声は聞けますよ。

ホンヤク

「興奮するぞ～」

キモチメーター

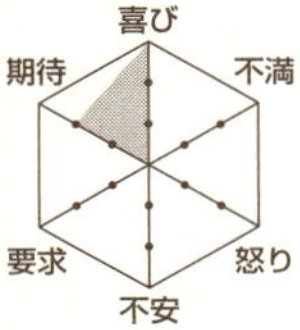

アンガァ

anga

1 2 3 4

耳は前方に
向けられている
ヒゲを前に向けて
いたり、ピンと
はっていたり
目をキラキラ
させている

こんなとき

状　況	飼い主が雑誌を読んでいたところ、ネコが足元近くにすり寄ってきて一声
声の特徴	低く短い声

遊びのお誘いは控えめな「アンガァ」でアピール

ネコは遊びたい気分のとき、ヒゲをピンとはらせ、耳を立たせて目を輝かせるなど、やる気が全身からにじみ出しています。

ですがネコにとって遊びは、ハンティングの練習と同じ。狩猟で大きな声を出しては獲物に見つかってしまいますから、こういう場合、控えめな声で誘ってきます。とても文字に表現しづらいのですが、「アンガァ」もしくは「ウンガ」に近いでしょう。

控えめな声と違って、テンションはもう、ほぼマックスの状態です。

ホンヤク

▼▼▼

「遊ぼう！」「やろうやろう！」

キモチメーター

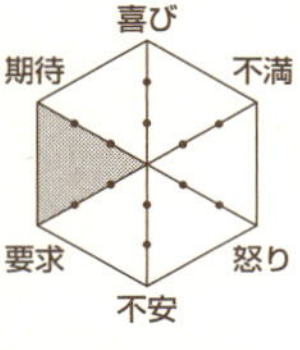

フッ…
hu
1 2 3 4
かなり低い体勢
鼻息が荒い

こんなとき

状況	飼い主が動かすおもちゃをネコが凝視しながら
声の特徴	トーンは低く、鼻が鳴る感じ

「フッ……」という鼻息は、ネコのここ一番の集中サイン

遊びで飼い主がおもちゃを操っているとき、飛びかかろうと姿勢を低くしているネコが「フッ」と鼻を鳴らすことがあります。このネコの気持ちを訳してみると、「集中！」といったところでしょうか。

ネコは基本的に飽きっぽいので、集中できる時間はせいぜい10分程度。飼い主のおもちゃ使いがヘタだと、「あんたヘタだね」とばかりに、2~3回おもちゃにパンチを繰り出して去っていきます。この声を引き出せた飼い主のテクニックはなかなかといえますね！

ホンヤク

「集中！」

キモチメーター

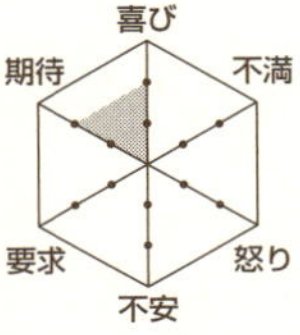

ア〜〜アン

a−an

1 2 3 4

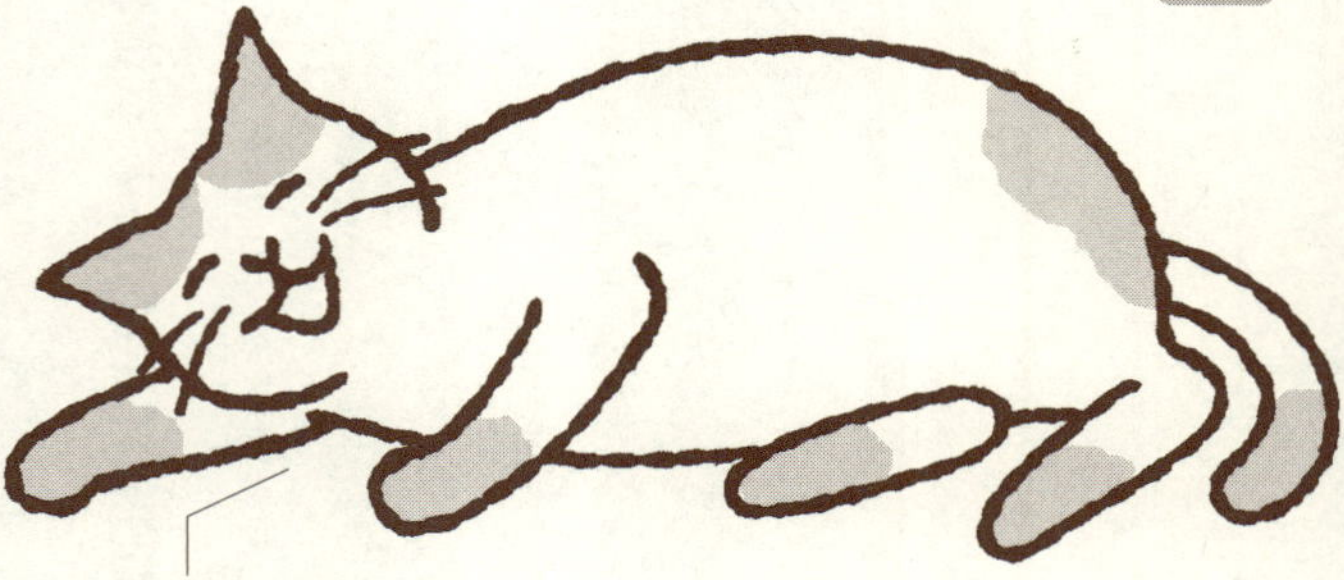
全身の力が抜けて
リラックス
目を細め、トロンとした
表情。あらぬ方向を
見つめていることも

こんなとき

状　況　ぽかぽかと晴れた日。飼い主のそばでグルーミングをしているネコがつぶやくように

声の特徴　鼻に抜けたような声。あくびまじり

グルーミングのさなかに出る「ア～～アン」は幸せの声

ぽかぽかと晴れた日、やらなくてはいけないこともなく、ゆったりと過ごす午後は、誰でも「幸せだなぁ」と感じるでしょう。

こうした穏やかな気分のときにネコが口にするのが「ア～～アン」という鳴き声です。毛布をモミモミしたり、セルフグルーミングをして「あぁ、気持ちいいなぁ」「しあわせ～」と感じたネコは、まさに仔ネコそのもの。もうすぐ寝てしまいそう……というこの時間は、ネコの素が一番出ているときともいえます。

ホンヤク

「あぁ、気持ちいいなぁ」
「しあわせ～」

キモチメーター

言葉

常識非常識

謎行動

メッセージ

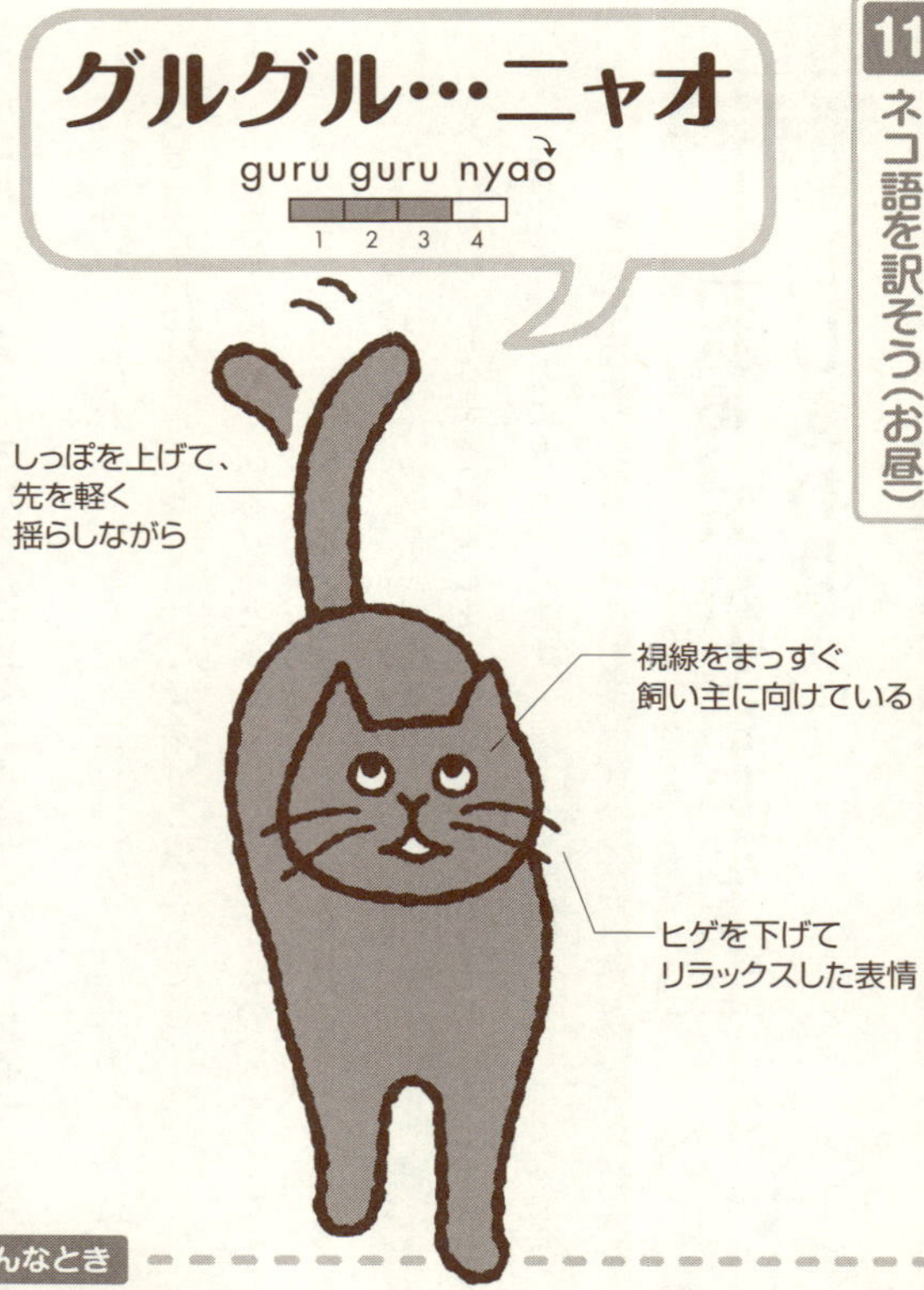
グルグル…ニャオ
guru guru nyao
1 2 3 4
しっぽを上げて、先を軽く揺らしながら
視線をまっすぐ飼い主に向けている
ヒゲを下げてリラックスした表情

こんなとき

状 況 家事で忙しくしているとき、ネコがふとそばにやって来て

声の特徴 ノドを鳴らしたあとに一声（または、鳴いてからノドを鳴らす）

飼い主の注意をひきたいときは「グルグル……ニャオ」

猫種にもよりますが、ネコはイヌに比べると、それほどおしゃべりな動物ではありません。ネコが鳴く場合は、何かしら理由があって声を出し、注意をひきつけようとしているケースがほとんどのようです。

自分に注目してほしい場合、まずネコは、飼い主の視界の隅に入る絶妙な位置をうろうろして存在を示します。これで注目してもらえなければ、目の前を行ったり来たりしてアピールするでしょう。それでもダメなとき、このように声を出して気づいてもらおうとするのです。

ホンヤク

「こちらに注意を向けてください」

キモチメーター

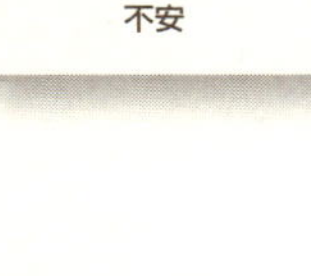

アーオ…アーオ…

a-o a-o

1 2 3 4

飼い主の目を
しっかり見て
きちんと足をそろ
えて座っている

こんなとき

状　況　ドアの前に腰を下ろし、ときどきドアをカリカリかきながら

声の特徴　少し高めの音程で、何度も連発する

不満と強い要求を持つネコは「アーオ……」と鳴く

「アーオ……」という鳴き声は、強い要求の気持ちのあらわれです。とくにドアをひっかくというボディメッセージがついていますから、この場合は「ねぇ、開けてよ」で、間違いないでしょう。

あまり鳴かない性格のコであれば、ドアの前に座って、飼い主が気づくまで、無言のまま頑張りますが、おしゃべりなコはこうしてアピールするのです。ただし、もともと飽き性なのがネコのよいところ。10分もすればあきらめて、お昼寝をはじめてしまうでしょう。

ホンヤク

「ねぇ、開けてよ」

キモチメーター

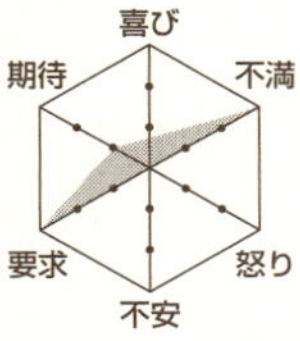

イヤ

iya

1 2 3 4

ツーンとそっぽを
向いている
香箱を組んでいたり、
伸びていたり

こんなとき	
状　況	ネコが嫌がることを飼い主がし続けたところ
声の特徴	はっきりとした声

人間さながらの「イヤ」はやっぱり拒否の気持ち

ネコが嫌がることを、飼い主がいつまでもしつこく続けていると、時折ネコは「イヤ（ニヤ）」とはっきりした声を出します。これはズバリ「やめて」「そういう気分じゃないの」という意味です。

18ページで、ネコが人の言葉のマネをする話をしましたが、食事はネコにとって生きることですから、覚えが早いようです。そして次に強い意志が発揮されるのが、拒否の気持ちでしょう。だから人間に近い声を出しているのかもしれません。

ホンヤク

▼▼▼

「やめて」「そういう気分じゃないの」

キモチメーター

グッ…グフッ

gu guhu

今にも
飛びかかりそう
目がキラーンと
している
全身の筋肉が
準備万端な状態

こんなとき

状　況　飼い主との遊びの時間、ネコがおもちゃを一心に見つめながら

声の特徴　ノドの奥から出るような、小さな音

「グッ……グフッ」は、ハンター魂に火がついたときの声！

ネコにとって遊びは、狩猟本能を満たすための大切な時間。ですから、よほど気分が乗っていないときを除き、おもちゃなど興味をひくものを見つけると、目をキラーンと輝かせます。

この瞬間、思わず出てくる声が、この「グッ……グフッ」です。そして狙いを定めたところで「カッカッカッカ」という声に変わります。このときネコの頭の中では、飛びかかり、獲物をゲットするシナリオができているようで、その興奮からこうした声が出るのだと考えられます。

ホンヤク

「ターゲット、ロックオン！」

キモチメーター

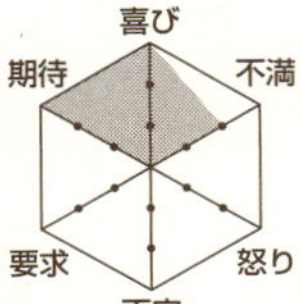

ナァーオ
na-o
1 2 3 4
飼い主の顔を
しっかり見ながら
走り寄って来る
こともある

こんなとき

状　況	よくなついているおしゃべりなネコが飼い主に向かって
声の特徴	穏やかな声色で。何度も鳴かず、単発で終わる

ネコみずから口にする「ナァーォ」は飼い主への呼びかけ

日頃から飼い主がネコにたくさん語りかけていると、そのネコはとてもおしゃべりになります。飼い主の声に対し「ニャン」と応えるだけでなく、ときにはネコのほうから「ナァーォ」と話しかけることもあります。

そのようすから、何か意味しているのかなと思いがちですが、じつは単に話しかけたかっただけかもしれません。

コミュニケーションの一環ととらえるくらいがちょうどよいでしょう。

ホンヤク

「あのね……」「やぁ、君か」

キモチメーター

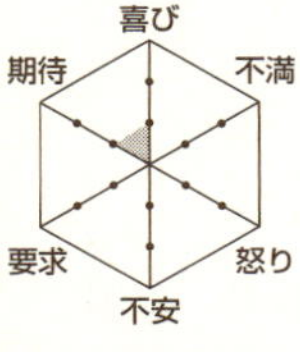

16 ネコ語を訳そう(夕方)

ナァ〜ン

na−n

1 2 3 4

飼い主に対し、
しっかり顔を
向けている

こんなとき

状　況　飼い主がネコを抱き上げて話しかけたのに対して

声の特徴　穏やかな声で、割と単調

話しかけたときに「ナァ〜ン」と鳴くネコの気持ちは？

日常のちょっとした時間に、ネコを抱き上げて話しかけるという飼い主は少なくないでしょう。そしてこれに対し、ネコが「ナァ〜ン」と鳴くことがあります。これは飼い主の想像通り、ちゃんとネコが問いかけに対し、応えようとしてくれているのだと考えられます。

声で応えてくれるのは、ネコの気分が乗っていて、会話をしようという気持ちになっているときに限られます。きっとこのネコは、飼い主との会話を楽しもうとしているのでしょう。

ホンヤク

「なになに？」「どうしたの？」

キモチメーター

ワァーーー

wa–

1 2 3 4

体全体を大きく
ふくらませている
耳を寝かせ、
口は裂けそうなくらいに
開いている
鼻息をフンフン
言わせている

こんなとき

状　況　外を散歩中のネコが、別のネコとばったりと遭遇して

声の特徴　お互いにどんどん声のトーンが上がっていき、けたたましい感じ

ネコ同士の「ワァーーー」という応酬は仲裁を求めている

お散歩をしていたネコが、角を曲がったところでばったりほかのネコに遭遇！　こんなとき、「ワァーーーワァーーー」と激しい鳴き声の応酬が始まります。これはまさに一触即発の状態といえます。

お互い体をふくらませて自分を大きく見せ、一歩も譲らないようすです。ただし、ネコは面倒事を嫌いますから、「やってやる！」という攻撃的な気持ちというよりは、どちらも「誰か止めてくれよ〜」と、周囲に仲裁を求めて声を張っている可能性のほうが高いかもしれません。

ホンヤク

「誰か早く止めてくれよ〜」

キモチメーター

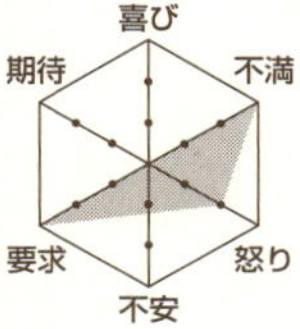

ミャオーー

myao-

1 2 3 4

すり寄り、ニオイを
つけようとする
飼い主に飛びつかん
ばかりの勢い

こんなとき

状況 飼い主が旅行から帰って来たところ、ネコが玄関先で

声の特徴 トーンが高く、甘えたような声

甘えた「ミャオー」は、ネコ流の熱烈歓迎のごあいさつ

いつも家にいる飼い主が、旅行などで長時間家を留守にすると、帰って来たときにネコが玄関でお出迎えしてくれるものです。

中には飛びつかんばかりの勢いでスリスリし、どこに行っていたのか、何をしていたのか知ろうと、熱心にニオイをかぎ、また自分のニオイをつけて安心しようとします。こうした熱烈歓迎の気分のネコは「ミャオー」と声も出しますが、飼い主の帰るタイミングによっては、待ち疲れたネコが、耳としっぽだけで返事することもあります。

ホンヤク

「帰ってきたね～」

キモチメーター

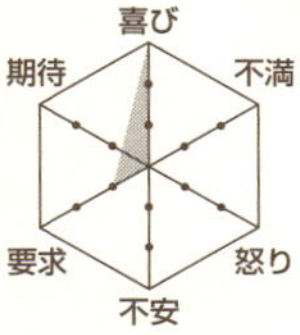

アオーーーーー

ao-

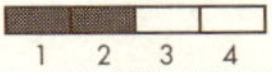

体としっぽを
ふくらませている
耳を寝かせて
不機嫌なようす

こんなとき

状　況	キャリーに入れるため、ネコを飼い主が抱きかかえようとして
声の特徴	大きな声で、天敵に対する感じ

言葉
常識非常識
謎行動
メッセージ

叫ぶような「アオーーー」はネコの全力の拒否サイン

飼い主がネコをキャリーに入れるため、抱きかかえようと手を伸ばした途端、「アオーーー」という大きな声を出すことがあります。

これは誰もが想像できるように、「来るな！」という威嚇の言葉。それを無視して近づけば、脱兎のごとく逃げてしまうでしょう。

ネコは大きな相手が嫌いですから、前からガバッとつかまえようとすれば、当然こわがります。うつ伏せか四つん這いなど低い姿勢でおもちゃを使って遊びながら、素早く前足をつかんでひき寄せてみましょう。

ホンヤク

「来るな！」

キモチメーター

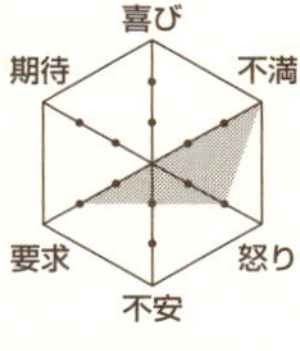

アーン…

a−n

1 2 3 4

視線を飼い主に
向けている
飼い主の方に
近づいてきながら

こんなとき

状　況	ネコがちょっと控えめな感じで近づいてきて一声
声の特徴	小さく、穏やかな声

「アーン……」はなんとなく出る、ネコの独りごと

何かを求めるようで、それでいて控えめな感じで近づきながら、このように鳴いている場合は、ネコ自身もとくに「コレ」という要求がなく、「どうしよっかなぁ」とつぶやいているのかもしれません。

飼い主に視線を向けてはいますが、どちらかというと独りごとに近く、控えめな音量がそれをあらわしています。

しっぽを触られるなど、人間にイヤなことをされながら我慢しているときにこの声が発せられる場合は「ちょっとイヤだなぁ」と訳せます。

ホンヤク

「どうしよっかなぁ」
「ちょっとイヤだなぁ」

キモチメーター

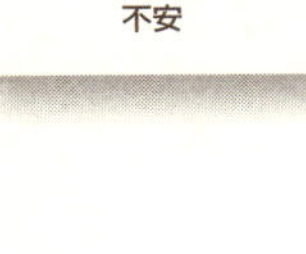

ウンガァ
unga
1 2 3 4
顔を仔ネコに
向けて
伏せていたり、おすわりをしていたり
ケースバイケース

こんなとき

状況	母ネコが仔ネコに対して語りかけるように
声の特徴	声色は小さく低めで、短く終わる

母ネコの「ウンガァ」は子どもへの優しい語りかけ

母ネコが仔ネコに語りかけるときの声は独特です。野生時代、狩りに出ていた母ネコが子どもたちに「帰って来たよ」と知らせるために鳴いていた声がそれで、抑えた音量で「ウンガァ」と語りかけます。

どんなネコも母の声を聞いて成長しているわけですから、成長してからも、この声を聞くとネコは反応します。

その習性を利用し、人間が「ウンガァ」をじょうずに発音すると、自分のネコを仔ネコ気分にさせることができるかも!?

ホンヤク

「帰って来たよ」「ほら、おいで」

キモチメーター

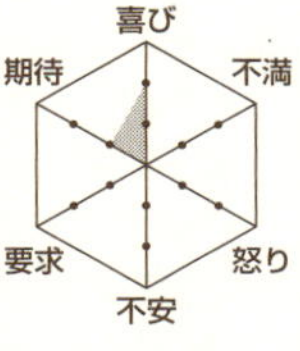

ミャアミャア

myaa myaa

1 2 3 4

兄弟ネコに
よじのぼったり
這いまわったり
ぎこちなく動き回っている

こんなとき

状　況	生後2週間程度の仔ネコが、よちよち這いまわりながら、さかんに鳴いている
声の特徴	仔ネコらしい高い声。「チィチィ」とも聞こえる

仔ネコの「ミャアミャア」は母に対しての要求の声

前項の母ネコの鳴き声に対し、仔ネコが出すのがこの「ミャアミャア」です。仔ネコらしく甲高い声で、一緒にノドを鳴らしたりもしますが、声帯が未発達なため「クックッ」という未熟な音に聞こえます。

こうした鳴き声は、「ママー」という母ネコに対する呼びかけの意味もありますし、「シアワセー」という感情的な意味もあると考えられます。家育ちの仔ネコはよくこの声で鳴きますが、野生の仔ネコは、危険回避の教えを受けていますから、めったに鳴くことがありません。

ホンヤク

「シアワセー」
「ママー」

キモチメーター

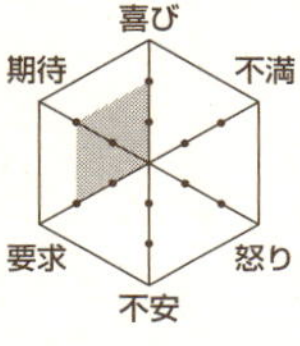

グルルッ…

gururu

1 2 3 4

口角が上がり、
目尻が下がって
笑っているかのよう
飼い主に額を
すりつけて
くることも

こんなとき

状　況	飼い主がネコをヒザに乗せてなでていると
声の特徴	ノドの奥からもれ出るような音

「グルルッ……」は幸せいっぱいというメッセージ

ネコのノド鳴らしといえば「ゴロゴロ」ですが、少し違った「グルルッ……」という声が聞こえることがあります。音の印象は異なりますが、これも幸せを感じたときに出るノド鳴らしの変形と考えられます。

このネコは、飼い主のナデナデにうっとりしながら、スリスリと額をすりつけているので、甘えん坊気分でいっぱいです。

そんな状態ですから、鳴き声を翻訳すれば飼い主に向けての「だぁーい好き」というメッセージだといえるでしょう。

ホンヤク

「だぁーい好き」

キモチメーター

24 ネコ語を訳そう（夜）

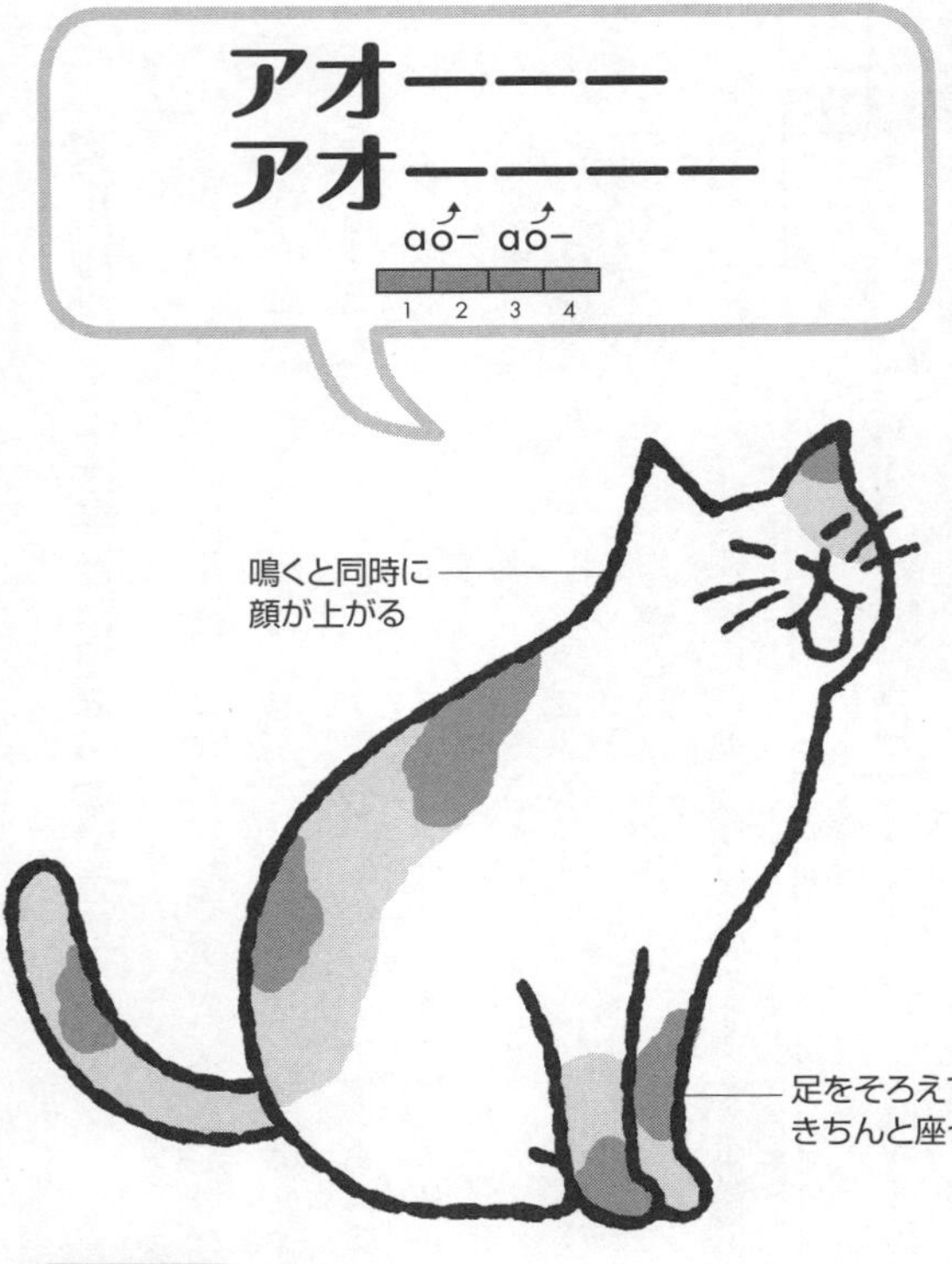
アオーーー
アオーーーーー
ao- ao-
1 2 3 4
鳴くと同時に
顔が上がる
足をそろえて
きちんと座っている

こんなとき

状　況	夜、だいたい決まった時間になると、外に向かって
声の特徴	かなり大きな声で、何度も繰り返す

イヌさながらのネコの遠吠えは、何を訴えているの？

夜、飼い主が布団に入ろうとする頃に、かならずネコが鳴き出す……ということがあります。それもイヌがやる遠吠えに近い叫び声で、その時間は20～30分ほど続き、その後ピタリと止まりネコは眠ります。

こうした遠吠えをするネコは、ほぼノラ出身か外出を許されているネコに限られ、窓や玄関から、外に向かって鳴くのが多いようです。

このネコの遠吠えについては研究がなく、翻訳するのは難しいですが、何かに対して呼びかけているのだと考えられます。

ホンヤク

「僕（私）だよ～」
「ここだよ～」

キモチメーター

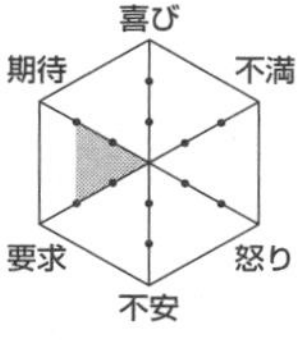

アオーーン

ao-n

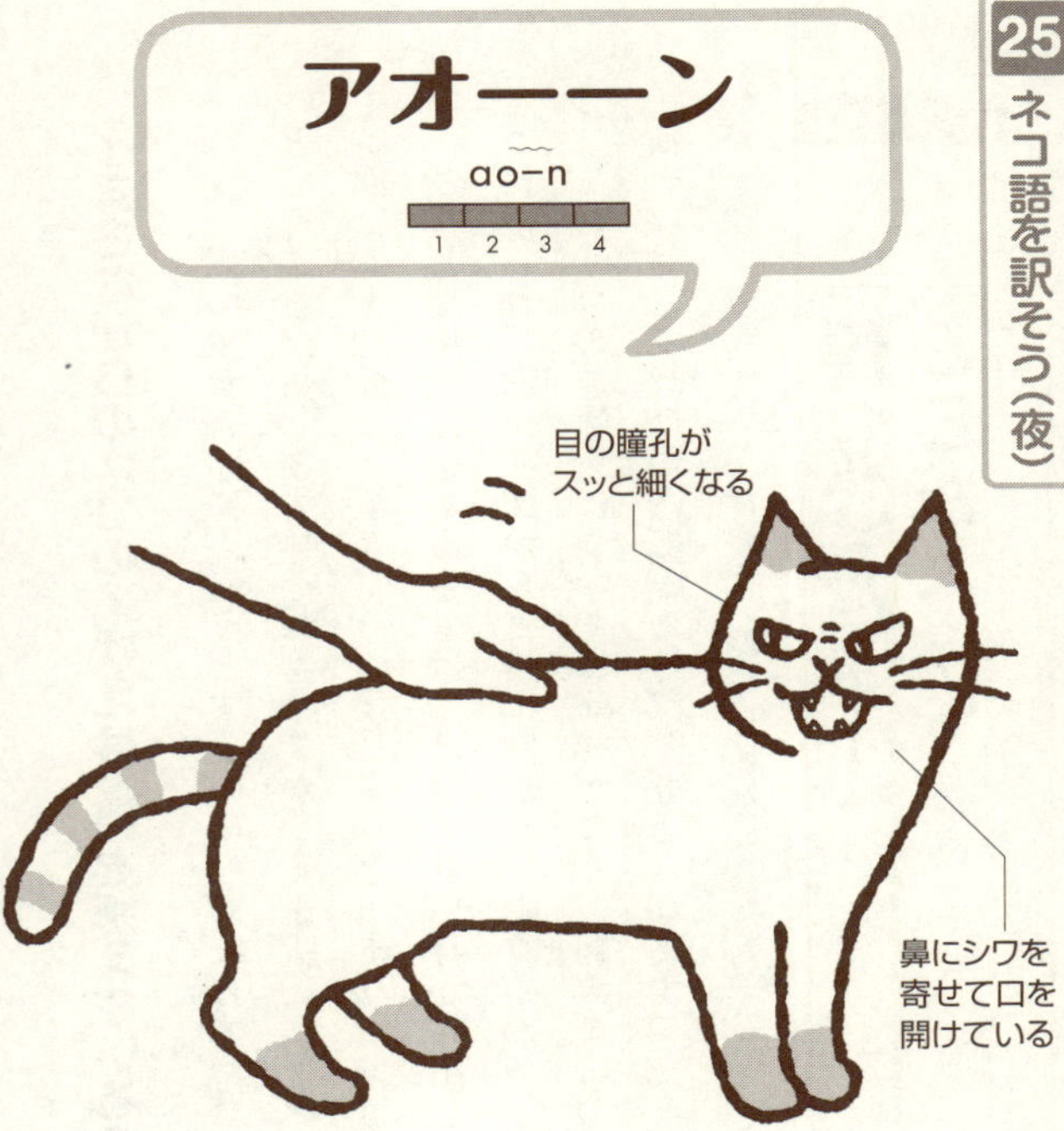
1 2 3 4
目の瞳孔が
スッと細くなる
鼻にシワを
寄せて口を
開けている

こんなとき

状　況	飼い主がしつこくなでていたのに対して
声の特徴	巻き舌での発声。中くらいのトーンで強めの声

飼い主がしつこくかまったときの「アオーーン」は警告の証

ネコをなでていたら、突然かまれた、あるいはひっかかれた……という話を聞きます。これはネコの我慢が限界を超えたために起こることで、たいていは人間側に原因があります。

ネコはキレる前に、しっぽをぶんぶん振って、不機嫌オーラを目一杯出していたはずです。これは「これ以上怒らせんな!」という警告です。そして「アオーーン」と鳴いたりします。それを無視すれば当然ネコは怒ります。この鳴き声と動作が聞こえたら、すぐにやめることです。

ホンヤク

「これ以上怒らせんな!」

キモチメーター

ウミュ？（ウニュ？）

umyu

1　2　3　4

耳をいろんな角度に
クルクル向けている
しっぽを小さく
素早く動かしている
小首を
かしげている

こんなとき

状　況	ネコが何か興味をひかれるような物音を聞いて一声
声の特徴	低めで、そこまで目立たない音

不思議なものに出会うと思わず出ちゃう「ウミュ?」

バッグンの聴力を持つネコは、飼い主には聞こえないような小さな音も逃さずキャッチします。そんなとき、何もない空間に向かってネコが「ウミュ?」と鳴いたりします。

よく見れば、小首をかしげたネコの耳が、さまざまな角度に向けられているはずです。きっと「これは何?」と考えているのでしょう。耳の角度をクルクル変えるのは、正体を見極めようと音源に集中している証拠です。しっぽの動きは迷いをあらわしていると考えられます。

ホンヤク

▼▼▼

「これは何?」「なんだろう?」

キモチメーター

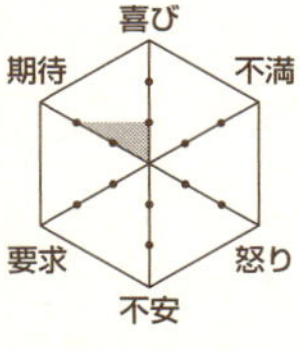

シュッ

shu

1 2 3 4

目と耳はおもちゃ
に注目している
低い体勢で、
まさに飛びかかる
寸前

こんなとき

状 況	動くおもちゃに狙いをさだめたネコが、いざジャンプ! という瞬間に
声の特徴	唾を吐くような、歯がみをするような音

ボクサーのパンチさながらの「シュッ」は気合いの一言

ハンティングさながらに、おもちゃに狙いをさだめたネコは、飛びかかる寸前に「シュッ」と素早く息を吐くような声を出します。

これはときが満ち、いざ勝負という瞬間に、「よっしゃ、行くで！」と気合いが声にあらわれているのだと考えられます。たとえていうならば、ウルトラマンの「デヤッ」という声に近いイメージです。

狩猟はネコの欲求をもっとも高める行動ですから、捕まえたい！　という興奮のあまり、思わず出てしまうのでしょう。

ホンヤク

「よっしゃ、行くで！」

キモチメーター

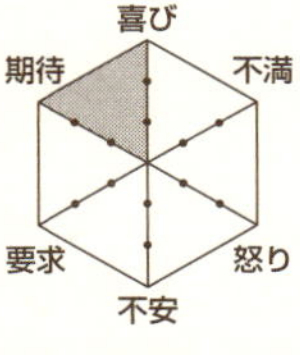

アオオオーーン

aooo-n

1 2 3 4

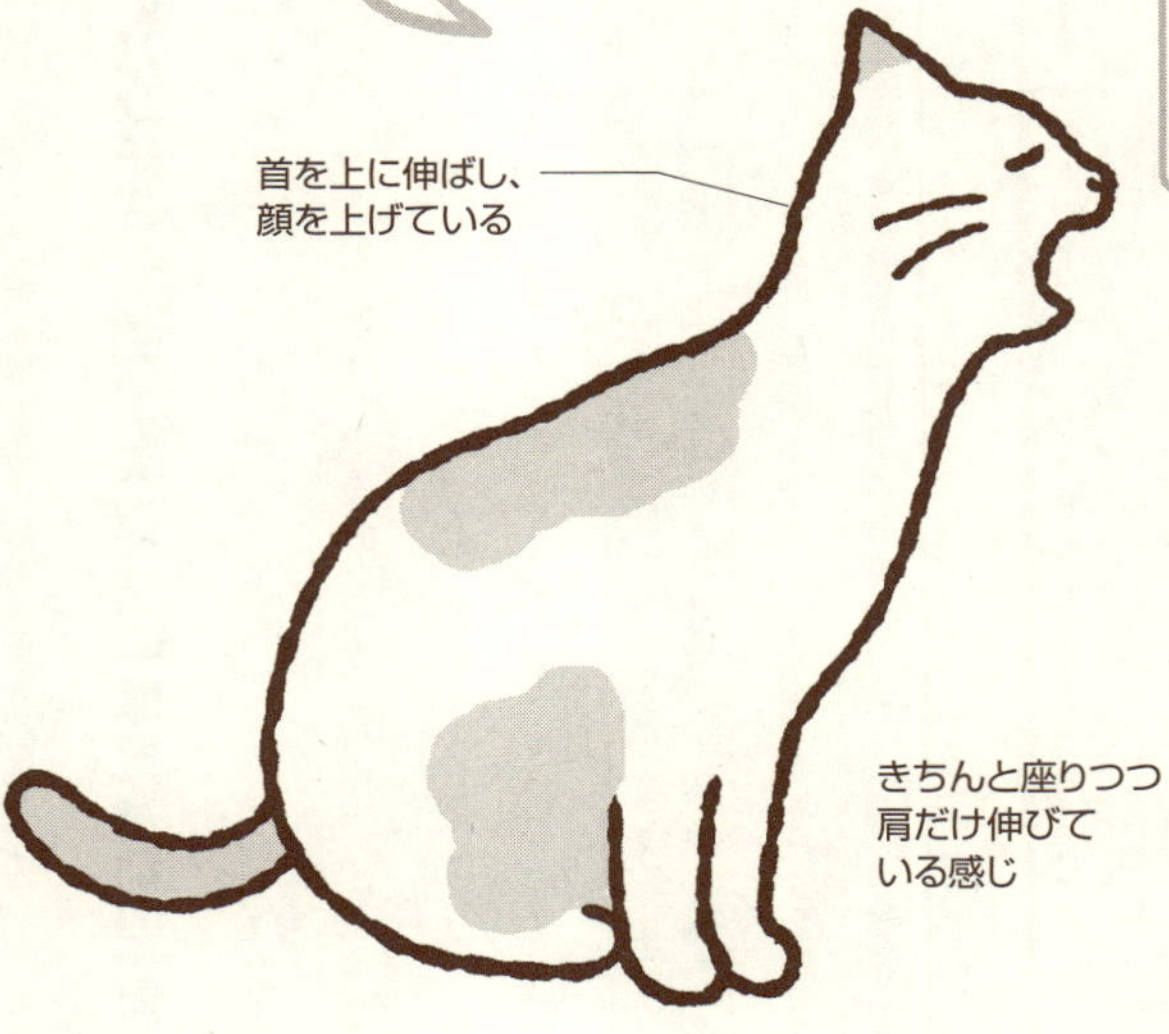
首を上に伸ばし、
顔を上げている
きちんと座りつつ
肩だけ伸びて
いる感じ

こんなとき

状　況	ネコが吐く前に
声の特徴	威嚇の声に似ているが、どちらかというと遠吠えに近い

ネコは吐く前に「アォォォーーン」と遠吠えする

一気食いをしたときや、毛球を出すときなど、ネコはよく吐きます。吐くタイミングがわかれば、掃除も簡単なのに……と飼い主は思うでしょうが、じつはそれを知る方法があります。目安となるのが、「アォォーーン」という鳴き声。ネコの中には、このような遠吠えと威嚇が混ざったような声で叫んだあと、嘔吐するコがいるのです。

　これは苦しさのあらわれでもあり、首を伸ばしながら口を開けることで気道を確保しようとしている意味もあるのかもしれません。

ホンヤク

「きもちわるいーー」

キモチメーター

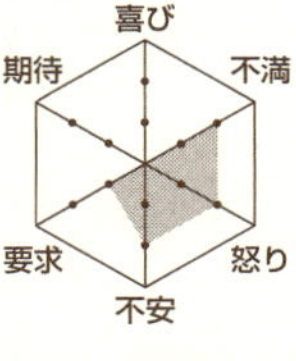

ハーッ

ɦa–

1 2 3 4

はんにゃのような表情
威嚇のポーズをとっている

こんなとき

状　況　飼い主がネコをお風呂に入れてシャワーを出したときに

声の特徴　ノドから息を吐き出すように

息を吐き出すような「ハーッ」は、ネコの本気の嫌がり

ネコは自分の身を守るために、たびたび威嚇の行動をとります。その際に口について出てくるのが、「ハーッ」という強い呼気のような声です。人によっては「カーッ」と聞こえる人もいるでしょう。

このとき、日頃信頼関係がとれている飼い主とネコであれば、飼い主が「何怒ってんの」と一喝すれば、途端に甘えっコの表情で「ニャー」と照れ笑いなどを浮かべるはずです。反発し合うネコ同士が、外で遭遇したときににらみ合いの中でもよく聞かれます。

ホンヤク

「やめてよ！」

キモチメーター

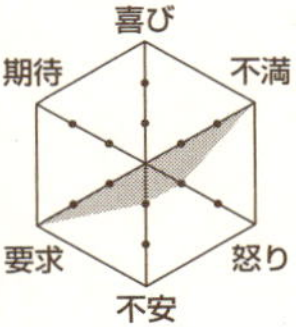

ニャーオ（口パク）

nya-o

1 2 3 4

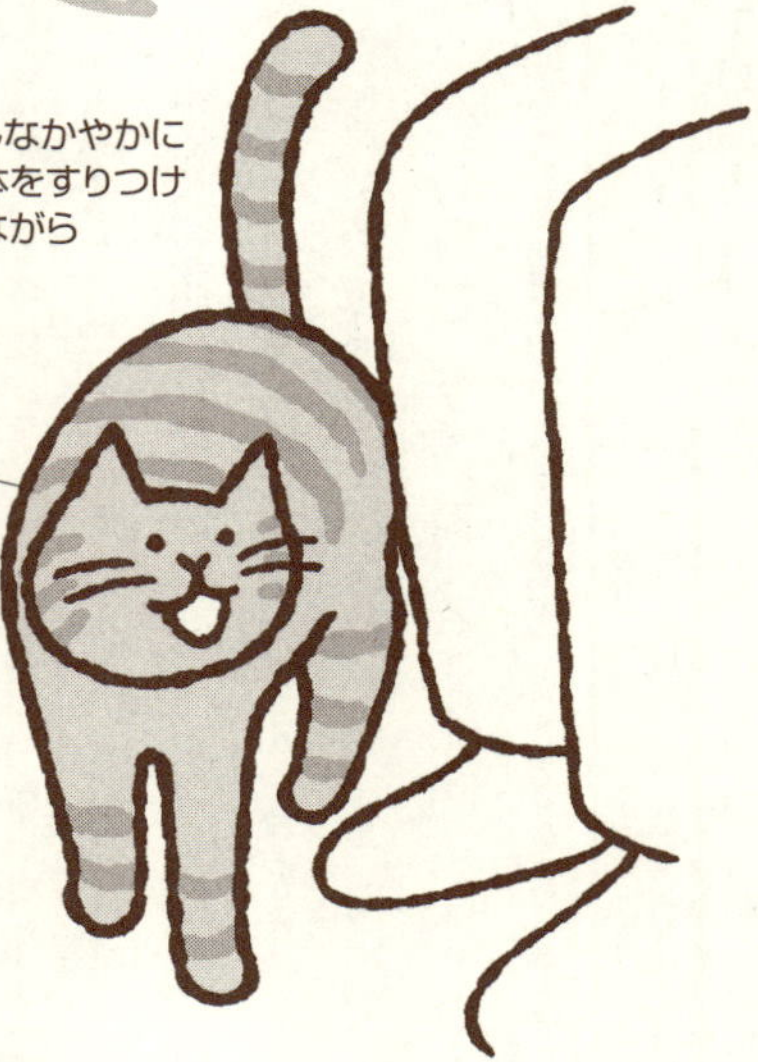
しなかやかに
体をすりつけ
ながら
つぶらな瞳を
向けてくる

こんなとき

状　況　飼い主たちが食卓を囲んでいる中、ネコがお父さんの膝にすり寄って来て

声の特徴　口は動かしているが、音声は出ていない

口パクで行なう「ニャーオ」は人間を操るおねだりの声

ネコはときどき、「ニャーオ」という口の動きをさせながら、声を出さないことがあります。この無声の「ニャーオ」を、アメリカの小説家ポール・ギャリコは、人間に要求をのみ込ませるのにもっとも効果的な鳴き声（?）だと著書で述べています。

食卓でおこぼれにあずかれないとしつけられているネコは、それでも欲しいときにこの口パクを行ないます。誰にどのように要求すれば効果的か、きっとわかっているのでしょう。

ホンヤク

「ねぇ、くれるでしょ」

キモチメーター

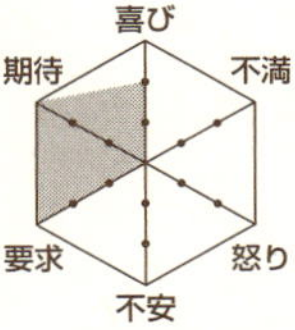

コラム①

ネコ語を操る専門家が教える ネコと会話するコツ

1章で紹介したネコ語で、鳴き声の意味がわかったら、今度は実際にネコと会話をしてみたいと思うでしょう。でも、ただ「ニャー」と語りかけたところで、ネコにこちらの気持ちは伝わりません。

そこで、会話を成立させるにはどうしたらいいのか？　長年キャットショーのジャッジやメインクーンのブリーダーを続けてきた岩田麻美子さんに、会話のコツを教えていただきます。

初級編　会話をする前に知っておきたいネコの鳴き声の秘密

●ネコとネコは、鳴き声で会話をするの？

ネコと会話ができたら……これは、ネコの飼い主なら誰もが夢見ることでしょう。

でも、いくら愛猫に鳴きマネで話しかけても、あまり伝わっているとは思えません。じょうずに会話をするためには、まずはネコが鳴き声をどう使っているか理解しておく必要があります。

さて、ネコ同士にとって鳴き声は、コミュニケーションの道具になっているのでしょうか？　ネコとネコは、人のように言葉（鳴き声）で会話を交わしたり、お互いの感情のやりとりをしているのでしょうか？

ネコ同士が鳴き声で会話しているかどうか、本当のところは、まだわかっていません。ですが呼びかけの声に返事をしたり、ほかのネコを呼び寄せたりしていることはたしかです。このほかネコは、鳴き声を威嚇や攻撃、危険を知らせたり、窮地から逃げるために使ったりします。

●ネコ同士が話すとき

ネコの鳴き声で会話に近い呼びかけが一番よく見られるのは、まだ幼い仔ネコと母ネコのあいだです。

人の近くで生活しているネコは警戒心が少なくなっていますが、外で生まれた野生の仔ネコは、母ネコの呼びかけがなければほとんど鳴き声を上げません。ノラの仔ネコが鳴いているときは、母ネコがいつもの時間に帰って来ないなど、身に危険が迫った場合です。

不意に発した鳴き声が、敵に居場所を知らせるなど危険を招く場合があるので、母ネコにしっかり教育されている仔ネコは、本能として声を出さないものなのです。

母ネコは巣穴に戻り、周りに危険がないことを確認すると、低く短く『ウンガァ（56ページ参照）』と呼びかけます。するとそれまで息を潜めていた仔ネコが、一斉に『ミャァミャァ（58ページ参照）』と応えます。

中級編　ネコとの会話を楽しむための第一歩はコレ！

●ネコの言葉をマネしてみよう

では、このようにもともとあまり鳴かないネコと話すには、どうすればいいのでしょうか。まずネコと会話をするための第一歩は、ネコの鳴き声をそのままマネしてみることです。

ただしネコが不機嫌なときに発した声は、マネてはいけません。不機嫌なときの声で鳴き返すと、ネコの性格や気分次第では、臨戦態勢になってしまうので要注意です。

マネしてよいネコの鳴き声は、あくまでもネコがリラックスして、機嫌がよさそうにしているときに口にする声です。

●どういうときにマネをするといい？

たとえば飼い主が帰宅したときに、玄関で出迎えてくれたネコが言う『ウニャア！』は、『お帰り！』とか『会えて嬉しい！』というポジティブな意味があります。　その鳴き声を覚えておいて、ネコにこの声で話しかけると、反応がよいかもしれません。このほか、人の顔を見ながらおねだりしてくるときの声を覚えておくと、ネコを呼び寄せることができます。

　ですがあまりしつこいとネコも機嫌を損ねます。鳴きマネをしたとき、ネコの反応がいくらよくても、程々で切り上げて、あまりネコを興奮させないように注意しましょう。

●ノド鳴らしのお返しは？

　機嫌がよかったり、リラックスしたとき、ネコはノドをゴロゴロ鳴らします。ですがそれ以外にも、自分自身を落ち着かせるためや、不安だったり苦しかったり恐怖を覚えたときなどにも、ノド鳴らしをします。

　ネコがノドを鳴らしているときは、ゴロゴロに合わせて非常に小刻みにですが身体が振動します。この振動もまた、コミュニケーションの一つです。

仲のよいネコ同士は、相手に近づく前からノドを鳴らして自分の存在やそのときの自分の気分を知らせます。

このゴロゴロは非常に複雑な音なので、人はまずマネができません。

その代わりに、そばにいるネコが喉をゴロゴロ鳴らし始めたら、そのリズムに合わせて、ネコの目のあいだから額の中央あたり、またはアゴの下に指をあて、軽くトントンとリズミカルに叩いてあげるとゴロゴロのお返しができます。

上級編 もっとネコとの会話を楽しもう！

●しゃべるネコに特訓!?

さぁ、いよいよ会話に挑戦です。

人間もそうであるように、おしゃべりが好きなネコもいれば、もとからほとんど鳴かないネコもいます。あまり鳴かないネコを鳴かすのは難しいですが、もし愛猫がおしゃべりさんであれば、会話ができるネコに育ててみてはいかがでしょう?

コツは、ネコが発音しやすい言葉で語りかけること。そして、その言葉の意味を行動とリンクさせて繰り返し使うことで、ネコに覚えさせます。

ネコの口の形や声帯で発しやすい言葉には、以下のようなものがあります。

ごはん　→　ゴハァ～～ン
いや　→　イャ
ちょうだい　→　チョ～ニャァ
はい　→　ンァ～ン
おいしい　→　ウニャァイ
おかえり　→　オニャァ～イ
かーちゃん　→　ニャァ～ニャ

覚えてもらうコツは、その時々のタイミングに合わせた適切な言葉を、何度も同じ口調で繰り返し話しかけることです。
たとえば、食事を用意しながらネコに向かって
「ごはん、食べる?」「ごは〜ん?」
と繰り返し声をかけます。頭のよいおしゃべりなコだったら2〜3回で
「ごはん?」
と話しかけると
「ゴハァ〜ン」
と返してくれるようになるので、そのタイミングでネコの前に器を置き
「ごはん、おいしい?」「ごはん、好き?」
などと食べているあいだも、話しかけるようにします。すると、「ウニャァイ」というように返してくれるようになるでしょう。
ネコが『ゴハァ〜ン』と言えるようになったら、次はできるだけ人がしゃべる言葉に近づけて「ご・は・ん」と正しいイントネーションでトライしてみましょう。

文章として「ごはん、ちょう～だい」などと言えるようになるとかなりの上級者です。覚えさせるには、『ごはん、ちょうだい』とネコの鼻先にドライフードやおやつをひとかけら見せながら、何度も繰り返し、ネコがマネをするように誘うとよいでしょう。

ただし、ネコは飽きっぽい動物であるので、1回のレッスンは2～5分以内とし、ネコが飽きてきたなと感じたらすぐやめましょう。耳がよいネコは、かなり人の言葉に近い発音ができるようになりますよ。

第2章

人間界とはちょいとルールが違う?

ネコ界の「常識・非常識」を探れ!

31 分量通りあげてもごはんを残すのは、ハンガーストライキ?

どの銘柄のキャットフードをあげてもかならずごはんを残してしまうネコ。パッケージの表示通りの分量をあげているのに……。

このように毎回食べきらない割に、しばらくすると、「新しいごはんをちょーだい?」とおねだりしてくるコは少なくありません。「食べたいのか食べたくないのかどっち?」といぶかる飼い主もいるでしょう。

でも、これはネコの習性からすれば、むしろ自然な行動です。

どんなネコも、仔ネコのうちは、1日に5~6回程度少しの量を少しずつ食べるのが普通です。それが家ネコとして成長するにしたがって、だいたい1日2回くらいになってくるのですが、これはむしろごはんを与える人間側の都合に合わせているというだけ。

仔ネコ時代の1日5~6回のスタイルを守り続けるネコもめずらしくなく、一度に食べきれない場合、「へそくり」のようにとっておくネコもいます。つまり、エサを残す行動を翻訳するならば「あとでまた楽しもうっと」といったところでしょう。

一回に食べる量はネコによって違います。与える量と残す量、ごはんを催促するスパンを把握し、そのコに合った与え方を探しましょう。

ホンヤク

「あとでまた楽しもうっと」

キモチメーター

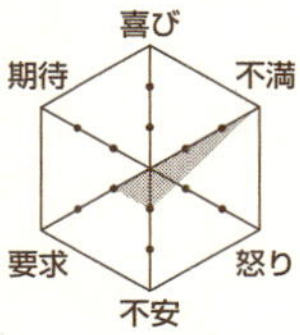

32

トイレやお風呂にまでついてくるネコ、そんなに飼い主が好きなの？

飼い主のことが好きすぎて、いつも後追いをしてくるイヌというのはめずらしくありませんが、自分本位なネコは、一般的には後追い行動をしないものです。

ですが、中には飼い主のトイレやお風呂にまでついてくるネコがいます。水にぬれるのが嫌いなクセに、お風呂から上がるまで浴槽のフタの上で待っていたり、トイレに一緒に入ろうとしてみたり。

あ～、とても好かれているんだ……と思うでしょうが、本当の理由を聞いたら、がっかりしてしまうかもしれませんね。

じつはネコのこうした行動は、ほぼナワバリ点検のため。

室内飼いのネコにとって、家の中すべてが自分のナワバリですから、毎日全部の部屋をパトロールして、自分のニオイをつけなくては気が済みません。

ところが、たいていの家では、お風呂やトイレのドアは閉められていますから、ネコにとって自由に行き来できないもどかしい場所です。しかも、お風呂やトイレは水が流れる音がしたりシャンプーや石けんのニオイがしたりと、嗅覚のすぐれたネコにとって刺激もあります。

つまりトイレやお風呂についてくるのは、ナワバリのパトロールのためであり、自分では開けられないドアを飼い主が開け、中に入るタイミングをはかっているのだと考えられます。

ホンヤク

「よし、パトロール開始！」

キモチメーター

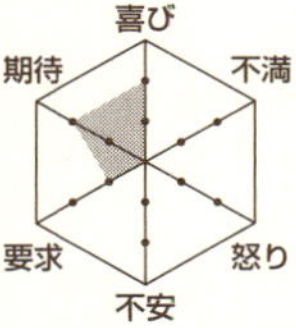

33

おじさんのようにお尻をベタッとつけて座るのは、無精なだけ？

足を投げ出したり、横座りしたりするイヌに比べて、ネコはきちんと前足をそろえて座るコが多いようです。

ですが、ときどき後ろ足を「どーん」と広げ、お尻をべったりと地面につけて座っているネコがいます。

スコティッシュフォールドに多く見られるため、「スコ座り」と呼ばれるこの座り方を目にすると、思わず笑ってしまいますが、ネコからすると、そう笑ってもいられない事情があります。

スコティッシュフォールドは生まれながらの形成不全を持つコが多く、足関節がはずれやすいため、足をそろえた座り方が苦手。だから一番楽な座り方をしているだけにすぎないのです。

ホンヤク

「リラーックス！」

キモチメーター

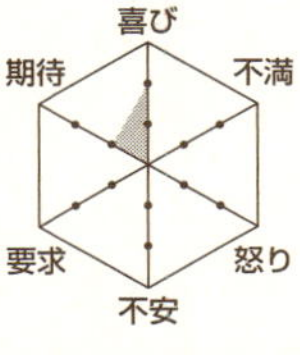

ただし、スコ座りをするすべてのネコが形成不全なのかといえば、そうではありません。ほかの猫種であっても、お腹を毛づくろいしているときに似たポーズをしますから、グルーミングをしているうちにこの姿勢が楽だと気づいて、そうしてしまうケースがあります。この座り方を言葉に変換するなら、「リラーックス！」といったところでしょう。

なお、このポーズはのんびりした性格の持ち主ならではのもの。何かあってもすぐに立ち上がれない姿勢なので、警戒心が強いネコは、まずしません。

34

おもちゃを目の前で振っても見てるだけなのは、興味なしってこと？

ペットショップでネコグッズを物色していたところ、愛猫が気に入りそうなおもちゃを発見！　さっそく購入し、目の前で動かしてみたのに、ジーっと見ているだけで手を出してくる気配がない……。

一見、この反応はネコがおもちゃを気に入ってくれなかったように感じられますが、じつはこの「見てるだけ」という反応は、気に入っているときにも見られます。

野生時代のネコたちは、獲物である小動物の巣の前でじっと待ち構え、一瞬のタイミングで捕まえる「待ちぶせタイプ」でハンティングをしていました。つまり、むやみに飛びかかっても、狩りはうまくいかないことをネコは本能的に知っているのです。

ホンヤク

「今つかまえてやるからな！」

キモチメーター

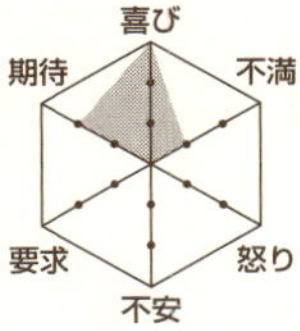

ネコにとって「遊び＝狩り」ですから、獲物と思うおもちゃを前にしても、まずはじっと見つめてタイミングを見はからうのが第一。ここだ、と思った瞬間にはじめて攻撃にかかるのです。

関心があれば手こそ出さないものの、まばたきもせず目でひたすらおもちゃの動きを追っているはずです。

でも、視線すらよこさずそっぽを向いていたら、おもちゃそのものというよりも、あなたの動かし方が不満というメッセージかも。ネコが関心を持ってくれる動かし方を研究しましょう。

35 産箱から仔ネコを運び出す母ネコは何を考えているの？

愛猫が待望の仔ネコを妊娠し、母ネコと仔ネコたちが快適に過ごせるように産箱を用意しておいたところ、その中で出産。育児を開始したまではよかったのですが、ある日突然、仔ネコをくわえて引越しをしてしまいました。何が気に入らなかったのでしょうか。

じつは出産後しばらくして母子が「巣」を移動するのは、ネコの育児過程において自然な行動です。

母ネコの巣を移動する欲求が高まるのは、出産2日後と約4週間後といわれています。引越しの理由はいろいろ考えられます。

出産時の出血のニオイが残っている場所での子育ては、他の動物から襲われる可能性が高いので、本能が巣替えを促します。また、仔ネコが大きくなって手狭になったなど、何らかの不都合が生じた場合も移動します。

しかし、どんなに産箱がきれいでも、大きさが十分でも、また安全な場所にあっても、引越しする母ネコはめずらしくありません。

生後4週間もすると、仔ネコたちは固形物を食べ始めます。すると母ネコは、狩りで獲物をつかまえ、巣に運ばなければなりません。そのため食べ物をとらえ、運ぶのに都合のいい場所を求めて引越しをしようとするのです。つまり家ネコもまた、この野生の名残りから引越しをするのだと考えられます。

ホンヤク

「狩りにいい場所はどこかしら」

キモチメーター

36 とり上げないのに、ネコがごはんを器からくわえて運びだすのはどうして？

ネコの飼い主が、「ネコの困った行動」としてあげるものがいくつかあります。

その代表が、ごはんをあげたときに、誰もとらないのに器からくわえて運びだしてしまうという行動です。

近づくとうなり声をあげ、何度「とらないから」と言い聞かしても効果なし。どうしてそんなにかたくななのかと首をひねることでしょう。

食べ物をほかのところに持って行って食べるのは、自然界を生き抜く野生時代からのネコの知恵です。

自然界では獲物を捕まえても、いつ何時ほかのネコや動物に横どりされるかわかりません。だからこそ、安全なところに移動してからでないと、安心してごはんを口にできないのです。

これはたとえ家ネコとして生まれ育っても変わることはありません。うなり声も、誰かに自分の食べ物をとられないための威嚇行動の一環でしょう。

誤解されがちですが、飼い主を信用していないというメッセージではありません。無理にしつけしようとせず、身についた習性としてネコの行動を理解してあげましょう。

ホンヤク

「自分のごはんは自分で守る！」

キモチメーター

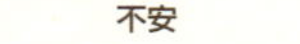

37

寝ようとすると強烈なネコパンチ！何かの嫌がらせ!?

飼い主が夜、布団に入ったときに限って、いきなり強烈なネコパンチをかましてくる……こんなネコがいます。

飼い主としては、「そんなに私が気に入らないの」と思ってしまうこの行動は、たいてい1歳前後の若いネコに見られます。

ただし、ネコの気持ちは「キズつけたい」のではなく、「遊ぼう」または「かまって」という意味です。よく見れば、攻撃的な気分のネコに見られるような「牙をむき出しにする」「しっぽをふくらませる」「爪でひっかく」といった特徴はないはずです。

もっと遊びたいのに飼い主が寝てしまった……。そこでネコはさまざまな方法で「遊ぼうよ」とアピールしてみたのでしょう。結果、ネコパンチが一番効果的だと考えているのです。

そこには、飼い主に対する仲間意識こそあれ、嫌がらせをしたいという気持ちはありません。

とはいえ、毎晩続くようではつらいもの。どうにかやめさせたいと思うことでしょう。

対策として、夜寝る前に10分程度遊んであげてみてはいかがでしょうか。少しの時間であっても、遊びたいという欲求さえ満たされれば、案外すっとひいてくれるのがネコのよいところでもあります。

ホンヤク

「ほら遊ぼう」「ねぇ、かまって」

キモチメーター

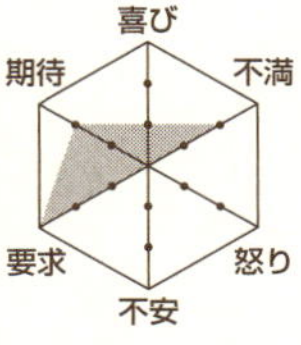

38 ネコのしっぽ振りは「不機嫌な証拠」とは限らない？

毎日、夕方にお散歩に出かけるネコが、今日は窓の前でピタリと足を止め、立てたしっぽをユラユラさせています。あれ、どうしたのかな？と近づいてみると、外は雨がシトシト……。この場合、ネコはどのような気持ちでしっぽを振っているのでしょうか。

一般に、イヌがしっぽを振るのは喜びのサインで、ネコはイライラサインといわれます。ですが、しっぽ振りの意味は一つではありません。

イライラの気持ちをあらわすしっぽは、左右に大きくブンブン振られます。イライラ度としっぽの動きは比例していて、振り幅が大きく、動きが早いほどネコのストレスは大きいといえます。

一方、しっぽの先を曲げたまま軽くユラユラさせていたら、リラックスサイン。表情を見ると機嫌よさげに口角を上げています。

さて、では冒頭のネコの場合はというと、葛藤のシグナルです。二つの異なる衝動にかられていて、判断に迷っているとき、塀の上でしっぽを揺らして体のバランスをとるように、心のバランスをとろうとしているのだと考えられています。

きっとこのネコは、「まいったな〜、ぬれるのは嫌だけどパトロールは行きたいし……どうしようかな〜」と考えこんでいるのでしょう。

ホンヤク

「まいったな〜、どうしようかな〜」

キモチメーター

39 だっこよりも背中にばかりのぼりたがるんだけど、なぜ？

「うちのネコは、だっこしようとしても、すぐに逃げようとする」。「自分から膝に乗って来るくせに、抱きしめると腕を抜け出して、肩によじ登り背中に乗ってしまう」……こんなネコに心あたりのある飼い主は、少なからずいるはずです。

もしかして背中フェチなの？　と思うかもしれませんが、「だっこが嫌いだから背中にいる」といったほうがたしかかもしれません。

じつはネコにかぎらず、ほとんどの動物は抱きかかえられることを嫌います。野生動物にとって抱きかかえられることは、端的にいうと捕獲されること。

ですから、たとえ飼い主によく慣れているネコでも、だっこに対して

ホンヤク

「飼い主さんは好きだけど、だっこはイヤ」

キモチメーター

本能的に恐怖心を覚え、逃げ出そうとしてしまうわけです。

では、なぜ背中なのかというと、自由を奪われることなく、飼い主の体温とニオイを感じられる、安心できる場所だからです。つまり、背中に乗るネコの心情はというと、「飼い主さんは好きだけど、だっこはイヤ」と訳せます。

強引に抱こうとすると、パニックのあまり飼い主をひっかいたりかみついたりするので、無理なだっこは禁物です。

40 家具におでこをゴンゴンぶつけているのは、ストレスサイン？

家の柱やイスの足、飼い主の足などに、頭をゴンゴンぶつけるネコはめずらしくありません。とはいえその動きときたら、音が「ゴンゴン」と聞こえるほどで、はたから見ると痛そう……。なんだか自傷行為のようで、はじめてその姿を見た飼い主は、もしかしてストレスサインなのかもと不安に思うでしょう。

ですが、心配は無用です。ネコが頭を何かにぶつけるようにするしぐさは、一種のニオイづけ行為だからです。

イヌが散歩中にあちこちにオシッコをして自分の情報を残すのと同じで、ネコもマーキングの習性があります。ネコの体のあちこちにはニオイを分泌する臭腺《しゅうせん》があって、おでこもその一つなのです。

このゴンゴンをソフトにしたバージョンが、柱や家具などに体をこすりつける、いわゆるスリスリ。

つまり、ネコのゴンゴンやスリスリは、縄張りの主張を意味しているのです。頻繁に行なうのは、だいたいこのニオイが3～4日で消えるからといわれています。

その他、おでこがかゆいとき、ぶつけてむずがゆさを解消しているうちに自分のニオイがついて、安心を覚えるようになり、「これは私（僕）のもの」と主張するようになったという考えもあります。

ホンヤク

「これは私（僕）のもの」

キモチメーター

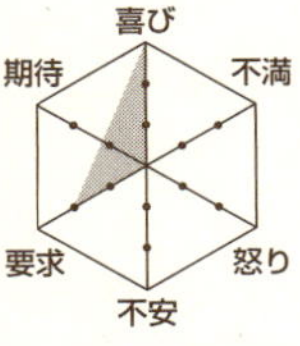

41 鏡にうつった自分の姿を見ると嫌がるけど、そんなに嫌なの?

鏡の前に立って自分の姿と相対したネコは、たいてい次の二つの行動に出ます。

●プイと目を背けて見ようとしない

●シャーと声を上げて、怒ってみる

非戦的か好戦的かにわかれますが、どちらも人間からするとネガティブな反応に見えます。ではネコは、鏡が嫌いなのでしょうか。いいえ、違います。

第一に、大半のネコは鏡を認識できません。そのため、目の前のネコを自分ではなく別のネコだと思い、ネコ界のマナーにのっとった反応を見せているのです。このときのネコの気持ちを代弁するなら、「なんだこいつ、妙なヤツに会っちゃったなぁ」でしょうか。

無視するのは、戦意のなさを示すしぐさですから、変に関わらないようにしているのでしょう。シャーという怒りの声を上げるのは、見知らぬネコがテリトリー内に入りこんできたと誤解したから。

最初のうちは威嚇するネコが多いようですが、ニオイもしないし、触れてみてもヒヤッとするだけで、ネコからすると不気味そのもの。やがては興味を失い、知らんぷりをするようになるコが多いようです。

なお、頭がいいコは、鏡の裏をのぞきに行くことも。試しに鏡を置いてあなたのネコの反応を見てみては。

ホンヤク

「なんだこいつ、妙なヤツに会っちゃったなぁ」

キモチメーター

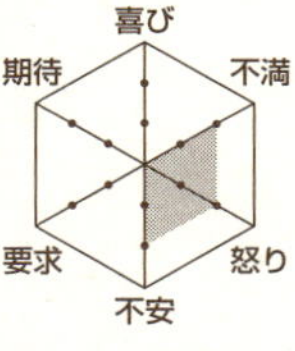

42

トイレのあとに砂をかけるのは、キレイ好きだからではない？

一般的にネコはキレイ好きで、自分がうんちをしたあとは、ちゃんと砂をかけて後始末するといわれています。ですが、まったく的外れなところをかいたり、トイレ後そのまま放置しているときもあります。割といい加減なこの砂かけ、いったいネコは何を思って行なっているのでしょうか。

まず、そもそもネコがうんちに砂をかけるのはキレイ好きだからではありません。じつは自分のニオイを消そうとしているのです。

92ページでもとり上げたように、ネコの狩りはもともと待ち伏せ型のため、排泄物をそのままにしていると、自分の居場所を相手に知らせてしまうことになります。つまりネコは本能的に「ニオイを消さなきゃ」

と、せっせと砂をかけているわけです。

　ですが、現代の家ネコのうち、仔ネコはほぼ間違いなく砂をかけるのに、大人になるといい加減になりがちといいます。なんとトイレで砂かけをするのは、6割程度といわれ、同じ一匹のネコでも、そのときどきによって砂をかけたりかけなかったりします。

　これはネコが、飼いネコとして人と長く暮らすことに適合して、いい加減になってしまったのだと考える説があります。

ホンヤク

「ニオイを消さなくちゃ！」

キモチメーター

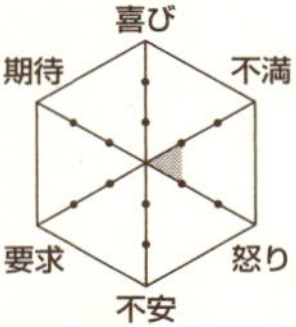

43 仔ネコが体をプルプル震わせている！何かの病気!?

いつもは元気に遊びまわっている仔ネコが、突然プルプルと体を震わせたら、飼い主はびっくりするでしょう。

ネコが震える理由は、寒さや恐怖、筋肉の疲労といった生理的な反応である場合と、病的な反応である場合のおもに二つがあげられます。

病的な反応の例でいうと、内分泌疾患や神経疾患、神経筋接合部の疾患、代謝性疾患などがあげられ、お年寄りのネコの場合は、加齢によって震える「老齢性振戦《ろうれいせいしんせん》」などが考えられます。

ただ、仔ネコの場合は、もう一つ別の要因が考えられます。それが、好奇心の高まりによって見られる震えです。

おっとり屋のネコ、ひっこみ思案のネコなど、成長したネコの性格はさまざまですが、仔ネコの頃の好奇心の強さはみんな一緒。

とにかく何にでも興味を示しますし、かじったり、なめたり、パンチしたりしながら、「これは何？」と、興味の対象の正体をたしかめずにはいられません。そしてその好奇心が強くなりすぎると、プルプルと武者ぶるいのように震えることがあるのです。

目の前に、知らない動物があらわれたときなど、「怖い〜！　でも、あれは何!?　知りたい〜！」といった気分になると体に震えが走ります。

仔ネコの好奇心が煽られるものが近くにないかを確認し、何もないのに震えるようなら、病院に連れて行くようにするとよいでしょう。

ホンヤク

「怖い〜！ でも、あれは何!? 知りたい〜！」

キモチメーター

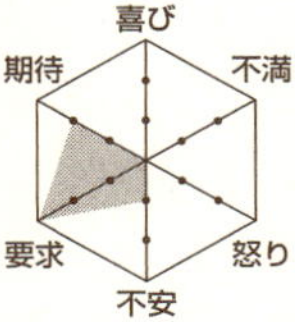

コラム②

知らずにやっていませんか！ ネコとの暮らしのNG集

ネコはとてもおしゃべりな動物です。しっぽや耳、鳴き声を駆使して人間にさまざまなアピールをしてきます。

ですがそんなネコも、雄弁でなくなるときがあります。それが、病気やケガなど、体の具合が悪いとき。彼らはじっと耐え続けるのです。

そんなつらい思いをさせないため、ネコにとってNGなものが家にないか、もう一度おさらいしておきましょう。

ごはん編 手作り食の落とし穴！ ネコが食べちゃダメなものって？

●NGな食材とは？

愛情たっぷりの手作りごはんは、ネコにとっても嬉しいものですが、作るのであれば、最低限の知識として、ネコにあげてはいけない危険な食材を知っておくようにしましょう。

まずNG食材の筆頭に来るのは、ネギ類です。人間にとってネギ類は薬味として重宝する食材ですが、ネコが食べると嘔吐や下痢、発熱などの原因となり、溶血性貧血から、最悪の場合は死に至ることもあります。タマネギ、ニラ、ニンニクもネギの仲間なのでNG。ネギ類と一緒に煮た肉や魚、そして刻みタマネギがたっぷり入っているハンバーグや餃子も与えないでください。

次に挙げられるのが、骨つきの魚や肉です。

ネコが喜ぶだろうと思って骨ごと与えたくなりますが、ノドや消化器官を傷つける恐れがあり、とくに鶏の骨は、縦に裂けやすいので危険です。

また、腎臓に負担をかけるため、塩分が多いものもNG。ネコの好きそうな魚の干物、かまぼこ、ちくわなどは、思った以上に多く塩分が含まれているので、与えないこと。また、人間用の食べ物や飲み物は濃い味つけが多く、ネコには向きません。ネコが欲しがっても、ここはぐっとガマンしましょう。
愛情が裏目に出ないよう、手作り食を行なう場合は最善の注意をはらってくださいね。

●キャットフードがまずは基本

なお、最近は「添加物が気になるから」と「何が何でも手作り食にすべし」という風潮があります。ところが、ネコに必要な栄養バランスを手作りごはんだけでまかなうのは、簡単なことではありません。

そのため、やはり「総合栄養食」と表記されたキャットフードを普段の食事として与えるのを基本とすることをオススメします。原材料や業者が明記されているものを選べば、安心ですね。その上で、一週間に一度程度「嗜好品」として手作りごはんを作ってあげるとよいでしょう。

お部屋編 コードやガス台……お部屋の中の「NG」を復習しよう！

●危険な場所には近づけないのが基本

ネコと暮らすには、快適な生活環境を整えてあげるのも、飼い主の大切な役目です。このとき知っておきたいのは、人間にとって何でもないものでも、ネコにとっては危険となりうることです。

たとえばキッチンは、ネコの興味をひくものだらけ。シンクの上に飛び乗って、あわや足が包丁に！　なんてことにもなりかねませんし、ガス台に火がついていたら、どうなるでしょう。そうした危険にさらさないためにも、キッチンは出入り自由とせず、フェンスを設置するなど、近づけないようにしておくのも、一つの手です。

また、水が嫌いなはずのネコも、なぜか洗面所や浴室、お風呂のあたりを好むコが少なくありません。足をとられてつるりとすべらせる可能性もあるので、水まわりの部屋のドアの開けっぱなしは禁物ですよ。

●NGな生活用品とは？

ネコはカサカサ音が鳴るものや細長いものが大好き。不用意にその手のものを放置しておくと、かじって飲み込んだりする恐れがあります。

NGな生活用品の代表は、スーパーなどのビニール袋。中に入り込んで寝ているうちに酸欠になったり、かんでいるうちに一部を飲んでしまったりと危ないので、絶対に目に入るところに置いておかないことです。

そして、見落としがちなのが、電気コードです。

細長くうねるコードは、ネコにとって理想的なおもちゃ。散らかすだけならまだしも、かじって感電しないともかぎりません。カバーをつけたり、家具の後ろを通したりと防止策を講じてください。

次に気をつけたいのが、アクセサリーなどのキラキラした小物。ネコはキラキラも大好きですから、飲んだりしないようにしまっておくべきです。

お留守番編

ネコの身を守るため！ お留守番時の鉄則とは？

●1日程度のお留守番なら大丈夫

ネコはイヌに比べてお留守番が得意な動物です。そのため、飼い主が1日仕事で外出しても、とくに「気にしな～い」というコが多いようです。ですが、ふだんは大丈夫でも、1～2泊の旅行で外出するときにはNGになるポイントがあります。

NGポイントその1は、一部屋に閉じ込めてしまうこと。危ないからと思って厳重にすればするほど、ネコにとってはストレスなので、家の中をふだんに近い状態にしておくことです。ただし前項で紹介したように、キッチンやお風呂など、危険エリアは開けっぱなしにしないでくださいね。

●NGなおでかけ準備

NGポイントその2は、飲み水を一箇所に限定すること。たっぷり用意するのはもちろん大切ですが、容器を大きくするだけではいけません。何かの拍子にネコがひっくり返したら、水がないまま過ごすことになります。いくつかの容器に分散させ、部屋のあちこちに離して置くようにします。

お水に続くごはんのNGポイントは、ウェットタイプを置かないこと。放置しているうちにいたんでしまうので、日持ちのするドライフードだけにします。

このほか、カーテンが全開で直射日光が照りつけていたり、蒸し風呂状態になったりしないよう、部屋の環境を整えることも重要です。

おもちゃ　知らずに与えていませんか？　あぶないおもちゃワースト3

●NGなおもちゃとは？

おもちゃで遊ぶネコの姿は、とってもキュート！　だけど、無意識のうちに危険なおもちゃを与えていることがあります。そこで「NGおもちゃのワースト3」でおさらいしておきましょう。

①ネコの口に入るくらいの小さなもの
②歯が折れるくらい固いもの
③ヒモのついたおもちゃ

①は説明の必要もありませんが、飲み込んでしまう恐れがあるところがNGポイントです。とはいえ、ネコは何でもかじりたがるため、口に入る大きさじゃなくても、かじっているうちにパーツがはずれ、それを飲み込むケースもあります。おもちゃは口より大きく、なるべく部品が少ない、シンプルなつくりのものを選びましょう。

②はもちろん、ネコの歯にダメージを与えるところがNGです。本能のおもむくままに夢中でガシガシやって、歯がポロリということがあるので、固すぎないものを飼い主が選んで与えます。目安を設けるなら、指で押してへ

こむくらいがベストで、それ以上固いものは避けましょう。

③はネコにとって大好きなおもちゃの代表格。ちょろちょろ動かすだけでネコは狩りの欲求が刺激されて大興奮します。

ですが、ふとした瞬間にヒモが全身にからまってしまうことがあるので、注意が必要なのです。

喜ばせようと思って買うのだから、NGおもちゃは避けたいところ。ただし、安全性を考えるなら、どんなおもちゃであっても何も起きない保証はありません。一人遊びをさせるのではなく、飼い主が一緒になって遊び、遊び終わったらネコの手が届かない引き出しなどに片づけましょう。

しつけ　それが間違い！　ネコにストレスを与えるしつけの仕方

●ネコが嫌がるしつけの仕方ワースト5

ネコはイヌと違って、あまり「しつけ」をする機会がありません。それでも、ともに快適に暮らすため、「テーブルの上にあがってはいけない」「家具で爪をといではいけない」など一定のルールを作ることがあるでしょう。

このとき、ネコにストレスを与えることなくじょうずに覚えさせるためにも、次のようなしつけ方をしないよう、気をつけましょう。

「叱る前に名前を呼ぶ」

名前と問題行動には何の関係もないので、ネコには理解できません。そのうち自分の名前を嫌いになり、呼ぶと逃げるようになることも。

「にらむ」

人間の場合、にらんで怒りをあらわすことがありますが、ネコにとってはただただ敵意を感じさせるだけ。攻撃を誘いかねないのでNG。

「おしおきとしてキャリーに入れる」

キャリー＝叱られると覚えて、病院に連れて行くときなど、外出時にも入らなくなります。飼い主の方が困るようになるので、避けましょう。

「あとで叱る」

時間がたつと、ネコは自分の行動を忘れます。どうして叱られたのかわからず、ただイヤな気持ちにだけさせるので、イタズラは現行犯で叱ること。

これらを踏まえ、言うことをちゃんと聞いたら、うんとほめてあげると、しつけもうまくいくでしょう。

第3章

その一挙一動にも意味がある！

にゃんこの「謎行動」を解析！

44

キッチンをウロウロするのは、食い意地がはっている証拠？

ザーザーと水が流れるシンク、チロチロと炎が揺れるコンロ、そして何より、いいニオイのする食べ物がどっさり……。ネコにとってキッチンは、とても魅力的な場所のはずです。

ですが、火や包丁など危ないものもたくさんあるため、キッチンの出入りを禁止している家も多いでしょう。それでもときどき、ネコがキッチンにやって来てはシンクに飛び乗ったり、鍋に鼻を近づけようとして困る、という飼い主もいるはずです。

ではいったい、ネコは何のためにキッチンに入り込もうとするのでしょう。じつはこれは、好奇心を満たすため。新しいもの、何だかわからないものを見つけたら、とりあえずニオイをかいでたしかめようとするのが、ネコの習性です。
食べ物につられたわけではないといえばウソになりますが、「これはなんだろう?」「飼い主さん、何してるのかな」と偵察ごっこをしている気分でいるのがほとんどでしょう。
ネコ用の食器にきれいな水が用意されても、蛇口からしたたる水や洗いおけのたまり水など、めずらしい場所の水をなめたがるコがいますが、これもまた、好奇心から来ると考えられています。

ホンヤク

「これはなんだろう?」「飼い主さん、何しているのかな」

キモチメーター

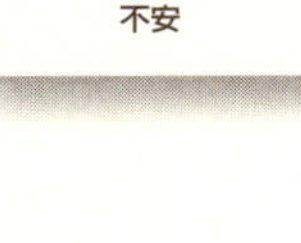

45 うちの雄ネコがときどきカプッと甘がみするけど、何が言いたいの？

ふだんから飼い主にとてもよく慣れていて、だっこもナデナデもなんでもさせてくれるような雄ネコが、大好きなはずの飼い主の指を、突然カプッとかみついてくることがあります。

生粋のハンターであり、狩りにおいても獲物の首すじをかんでとどめを刺すネコは、程度の違いこそあれ、常に「何かをかみたい」衝動を持っています。ですから、とくに理由もなく飼い主の指がチラチラ動いているのを見て獲物だと思ってかんでしまうことがあります。

ですが、冒頭のように仲のよい飼い主に対して行なう「甘がみ」は、ネコならではの「愛してる」のサインかもしれません。

じつはネコは交尾するとき、雄ネコが雌ネコの首すじを軽くかんで動きを止めます。そのため、雄ネコの性衝動にスイッチが入ると、この「甘がみ」行動を頻繁に見せるようになるのです。

よって、二人（?）でくつろいでいるときに雄ネコが飼い主にかみつくそぶりを見せたなら、「キミはボクの彼女だよ」とスイートな気分に浸っているのかも。痛いのは困りますが、飼い主冥利に尽きるシグナルといえるでしょう。

いっぽう、雌ネコであれば、単に遊んでほしいときに、「遊んで」という意味で甘がみをすることもあります。

ホンヤク

「キミはボクの彼女だよ」

キモチメーター

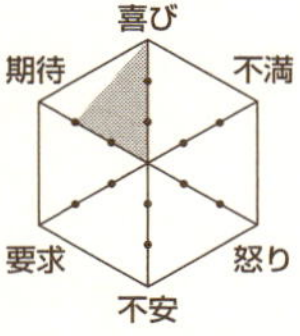

46

私が電話をしていると、鳴いて邪魔してくる。これって嫉妬？

ネコの前で電話をしていると、うるさく鳴いたり、前足でカリカリされたりと邪魔されてばかり……。そういう経験がある飼い主は少なくないでしょう。

もしかして、電話の相手に嫉妬しているの？　と思えなくもありませんが、実際どうしてネコは邪魔するのでしょうか。

当たり前といえば当たり前ですが、ネコは電話というものが何か理解していません。

彼らの目には、一人でしゃべっている飼い主の姿しか見えません。それなのに、大声を出したり笑ったりするのですから、ネコからすれば、かなり不思議な光景でしょう。

また、電話の邪魔をするネコは、日頃からよく飼い主の呼びかけに応えてくれるコが多いようです。つまり、電話をしている飼い主を見たネコが、自分に話しかけているんだと思って、「なぁに？」とけなげに応えているのだと考えられます。

それも、ネコがいくら応えても飼い主の話が終わらないのですから、ますます声をあげ、飼い主は邪魔をされた気になってしまうのです。

ネコからすれば、邪魔をしているつもりはまったくなく、むしろ飼い主を母親のように慕い、呼びかけに応えようとしているだけ。うるさいと叱ってはかわいそうですよ。

ホンヤク

「はい、なぁに？」

キモチメーター

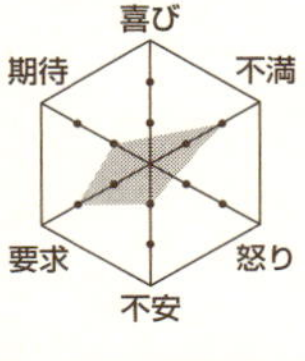

47

発情期でもないのに、床に転がってクネクネ……どうしちゃったの？

床に寝そべって、全身をクネクネするネコ。目を細めた姿は何とも気持ちよさそうで、また色っぽくもあります。

この床に転がってのクネクネ、発情期の雌ネコであればフェロモンを振りまいているわけですが、そうでなければ、このしぐさをどうとらえればよいでしょうか。

まず考えられるのが、単に背中がかゆいとき。

ネコの手足は柔軟で、首筋あたりであれば後ろ足で器用にかくことができます。ですが、さすがに背中は難しいようで、かけない場合は背中を床にこすりつけてかいているのだと考えられます。

このような生理的な理由とは別に、割と多いのが「一人遊び」のためのクネクネです。

安心できて暖かく、気持ちのよい環境にいるネコは、横になってその環境を楽しむかのように、体をクネクネさせて転がって遊ぶのです。よく見ると、目は気持ちよさそうに細められ、うっとりとした表情を浮かべていませんか？

仲のよいネコや兄弟ネコがそばにいればじゃれ合いがはじまるところ、一人きりだからこのようにクネクネさせて遊んでいるのでしょう。

このネコは、とても前向きで遊びへの意欲も満々なので、遊びに誘ってあげると喜ぶはずです。

ホンヤク

▼▼▼

「わーい、楽しいな。しあわせだなー」

キモチメーター

48 音楽を聴くとわざわざ部屋までやってくるネコは、芸術のセンスがある？

テレビ番組を見ていると、ネコの飼い主が「うちのコはピアノを弾くとそばに来て聴き入ります」とか「アイドルの歌を流すと喜んで鳴きます」などと話をしているのを目にします。

たしかに音楽を聴かせると、耳をクルクルと動かして反応するコが多いようです。しかも最近は「ネコのストレス解消のための音楽」というようなＣＤも市販されています。

では、ネコは音楽を楽しんでいるのでしょうか。

こればかりは、はっきりしない部分が多いのですが、ただ、ネコがある特定の音に興味を示す例は多く報告されています。

たとえば国内の有名ピアニスト中村紘子さんは、愛猫について「シューベルトは嫌いだけどショパンは好き」とエッセイで書きつづっています。また、とある翻訳家の飼いネコは「バッハのチェンバロ曲を流すと落ち着く」のだそうです。さらに、20世紀前半のフランスの研究者は、高音域のある音を聞くとネコが性的に興奮したと発表しています。

ネコと音楽についての関係性がどこまであるのか判断は難しいところですが、これらの発言をかんがみると、ネコたちは音楽というよりも音に反応し、「この音は好き（嫌い）」などと思っているようです。

ホンヤク

「この音は好き（嫌い）」

キモチメーター

49 たたいて欲しいというように腰を差し出してくるネコは、腰痛持ち？

一日に何度も寄って来ては、おしりを向けて腰を落とすわが家のネコ。何のアピールかわからないまま腰を叩いてあげると嬉しそうにするので、「腰たたき」を続けてあげている……。

こんなやりとりを繰り返している飼い主は、意外と多いようです。腰を叩くと喜ぶなんて、人間の感覚からするとまるで腰痛持ちのようですね。

体全体を優しくなでられるのが好きなネコや、額のあたりをこしょこしょされるのが好きなネコなど、ネコが好むスキンシップは個体によって異なります。

この「腰たたきアピール」は、強めのスキンシップを好むタイプのネコが不安を感じたときや、さびしいときによく見せるしぐさで、声をかけながら応えてあげれば、ノドをゴロゴロ鳴らして喜びます。中には、腰ではなく頭をポンポンとされるのが好きというコもいます。

　このように飼い主とネコのあいだで決められたスキンシップは、大切なコミュニケーションの一つであり、親密になるほどネコは気持ちよく感じます。

　自分の家のネコが、どんなコミュニケーションを好むか、いろいろと触り方を研究してみると、新しい発見があるかもしれませんね。

ホンヤク

「いつものアレやってよ～」

キモチメーター

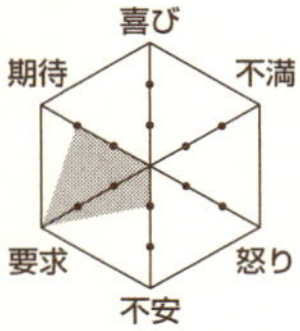

50 いつも隅っこや端っこばかりにいるけど、いったいどうして？

ソファの肘かけやタンスの上で、ネコが居心地よさそうに昼寝をしたり、身づくろいをしている光景をよく見ます。

そこで気がつくのは、なぜかたいていのネコが、ソファにしてもタンスの上にしても端っこにいるということ。それなりに大きなソファやタンスでも、ど真ん中でくつろいでいるケースは少ないようです。

そう、ネコはいつも端っこが大好きなのです。フローリングにしかれたラグもそうですし、飼い主のベッドの上もそう。どこでもたいていのネコは、端っこばかりに陣どっています。

人間から見れば「なんで？」と思うことですが、じつはこの端っこここそがネコにとってのベストポジション。

ホンヤク

「ここが一番落ち着くな〜」

キモチメーター

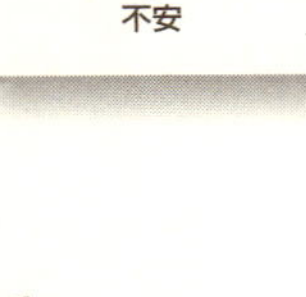

たしかにラグやじゅうたんの隅だと、暑く感じたら即フローリングに移って涼むことができますね。でもそれ以上に、タンスの上の角やベッドの隅だと、見晴らしがよく、何かあってもすぐに降りられる位置だからです。

また、部屋の隅っこにいるのは、背中が守られ、安心感が得られるからでしょう。

つまり、端っこにいるネコの心境を翻訳するならば、「ここが一番落ち着くな〜」といったところでしょう。

51

人さし指を出すと鼻を寄せてくるのは、何のため？

飼い主であれば、ネコの「人さし指を差し出すと鼻を寄せてくる」という謎の行動に出くわしたことがあるでしょう。

不思議なことに、たいていのネコはこの行動をします。まるで「指のニオイが気になる」と言っているかのようですが、本当のところ、ネコは何を考えているのでしょうか。

じつはこれ、ネコ流のごあいさつなのです。

ネコ界では、親しいネコ同士が出会ったとき、鼻と鼻をくっつけるようにしてあいさつをし、そのあとでお互いにお尻のニオイをかぎます。

ネコは人間ほど視力がよくないので、見ただけでは相手をはっきり認識できません。そこで優れた嗅覚を手がかりに、相手のニオイを探って記憶の照合作業を行ない、安心したり、何か変化がないかをチェックしたりするのです。

こうした習性から、ネコは鼻先のような尖ったものを目の前に出されると、本能的に鼻を寄せずにはいられません。つまり人さし指を出したときに鼻を寄せるしぐさは、「あいさつをしなきゃ」と訳せます。

おもしろいもので、人さし指以外にも相手がぬいぐるみなど生物以外のものであっても、とりあえず鼻をくっつけようとします。飼い主からすると、「おバカだなぁ」と笑えてしまいますが、ネコは真剣なのです。

ホンヤク

「あいさつをしなきゃ！」

キモチメーター

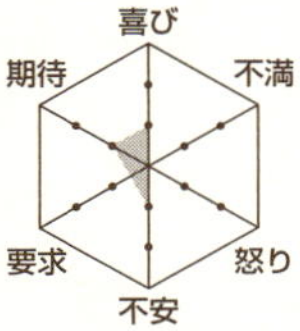

52 獲物に狙いを定めるときにおしりをフリフリしてしまうのは？

愛猫の前でヒモつきのおもちゃを動かしてみせたところ、低い姿勢を保ったまま大きくおしりを振り出しました。いったいこれは何のアピールでしょうか？

じつはこれは、ネコが獲物を捕獲しようとするときに出る、いわばクセのようなもの。

ネコはハンティング時にうずくまって身を隠し、敵を充分に引きつけてから、一瞬のチャンスを狙って狩りをします。

このとき、飛びかかる前に、ジャンプの方向やタイミング、そして距離感をはかるため、後ろ足を小さく動かします。すると、このフミフミの動きから自然とおしりが揺れてしまうのです。

また、このとき同時にしっぽもフワリフワリと動かされますが、これも同じく獲物との距離などをはかっているのだと考えられています。

なお、おさらいになりますが、100ページでネコのしっぽ振りは不機嫌サインではなく、葛藤したときにも見せると解説しました。そのため、この遊び＝狩りのときに見せるしっぽ振りには、迷いの気持ちがまざっているのだとみる説もあります。

ホンヤク

「もう少し右かな いや、左かな」

キモチメーター

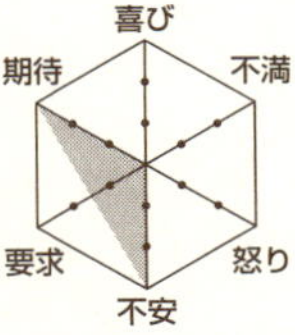

53

腰を高くしながらの横っ跳びは、威嚇ごっこのサイン？

数あるネコの行動の中には、成長してからはあまり見ることができない、仔ネコ時代特有のものがあります。110ページで紹介した武者ぶるいもその一つです。

そして、横っ跳びもまた、仔ネコ時代特有のものといえます。

兄弟ネコと遊んでいるときなどによく見られるこのしぐさは、腰を高く上げて背中を弓なりにしたかと思うと、トットットッと横に跳ねるようにつま先立ちで歩きます。

ネコが体を弓なりにそらしているときというと、普通は「威嚇している」あるいは「こわがっている」ととらえがちです。

ですが仔ネコの横っ跳びは別で、相手に自分を大きく見せつつ、いつもと違った動き方をすることで、相手を挑発し自分をアピールするのだと考えられます。いわば、じゃれ合いの中で見せるおふざけポーズといった具合。この動作を見せるネコには、緊迫感よりも楽しさのほうが感じられます。

一方、本当に緊張して怖がっているときや、威嚇しているときは、つま先立ちになり体を弓なりにしてしっぽをふくらませますが、あまり動きません。自分が先に動くことで相手を刺激するのを避けるために、直接目を合わせないように相手を伺いながら、じっとしているでしょう。

ホンヤク

「やっほーい！楽しいぞう！」

キモチメーター

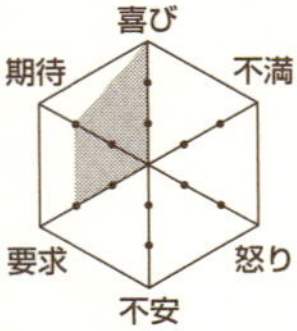

54

食事中でもないのにヒゲと鼻をピクピクさせているのはどうして？

食事の準備をしているわけでもないのに、ネコが鼻とヒゲをピクピクと動かすことがあります。これはどこからかただよってくる、おいしそうなニオイをキャッチしたサインなのでしょうか？

たしかにネコのヒゲはすごく敏感で高性能。触毛《しょくもう》とも呼ばれる通り、暗闇をまっすぐに歩いたり、せまい道を通り抜けたりと、さまざまな場面でネコの行動を助けます。生え際にはとても多くの神経細胞が集まっており、なんと0・2gの重さも感知できるほどだとか。

こうした性能面でも重要な役割を果たすヒゲは、人間からするとネコの気持ちを読みとるための一つの判断材料になります。

たとえば楽しいときや何かに興味を持ったとき、ネコはヒゲを前に向けます。口元に力が入ってすぼまるからです。逆にリラックスしているときは口のまわりの緊張がとれるので、ヒゲも下向きになります。

では、冒頭のネコのようにニオイとは関係なくヒゲをピクピクさせる場合はというと、不安な気持ちのあらわれです。よく見ると体は緊張気味で、体が小刻みに動いていないでしょうか。

こういうときのネコは防御本能が生まれている状態で、「自分の身は自分で守らなくちゃ」と警戒しているのだと考えられます。

ホンヤク

「自分の身は自分で守らなくちゃ」

キモチメーター

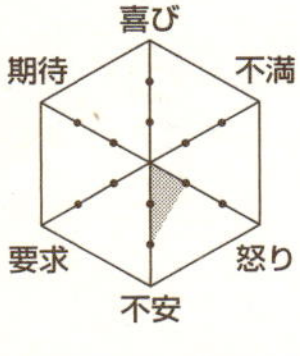

55

せっかく用意したベッドを壊そうとするのは、気に入らないから？

ネコのベッドが古くなったので、新しいベッドを購入。籐《とう》のカゴに、フカフカのクッションをしいたステキなベッドで、気に入ってくれるはず！　とウキウキして渡してあげたところ、なんと、カゴもクッションも爪でガリガリして、見るも無惨な状態に……。

いかにもこれはネコの「気に入らない」サインのようですが、じつはどちらかというと「気に入った」サインなのです。ですが、それはベッドとしてではなく、おもちゃとして……かもしれません。

爪のひっかかりがよいカゴの部分といい、やわらかなクッション部といい、ネコの遊び心が刺激されたのでしょう。

さて、これは「おもちゃとして気に入った」サインですが、ベッドとして気に入った場合は、少し違った反応を見せます。

じつはベッドとして気に入った場合も、ネコはクッションをガリガリとかいたりもんだりします。ただし穴を開けるほどではなく、どちらかというとモミモミに近い強さのはずです。

そして布団をもんだあとに、今度はその場をグルグルとまわって、布団をならすようなしぐさを見せます。こうした動作は、ネコがよく見せるいわば入眠儀式だと考えられています。行動の理由ははっきりしていませんが、ネコなりに寝床を整えているのかもしれません。

ホンヤク

「わぁ、ステキなおもちゃだ！」

キモチメーター

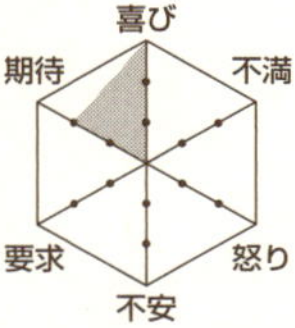

56 後ろ足をピーンと伸ばして寝転んでいるネコの心境は？

ネコが休んでいるときの姿勢には、そのリラックス度があらわれます。たとえば行儀よく4本の足をそろえて座っているなら、リラックス度は低め。何かあったときに素早く動ける体勢です。次に、前足を胸の下に抱き込むようにした香箱《こうばこ》座りの場合。これはさっと立ち上がることができない体勢なので、リラックス度は中クラスです。頭の位置が高く、あたりを警戒している気持ちが少し見られます。

そして最近の家ネコに多く見られる姿勢が、後ろ足をピーンと伸ばしている姿です。

このネコの気分はというと、そのダラーっとした姿勢があらわすように、リラックス度はかなりの高さ。「平和だわ～‼」と思っているのでしょう。

この体勢は、体を動かす上で重要な後ろ足の太い筋肉を伸ばしきっているため、すぐに起き上がれません。言い換えれば、今は心配がない状態だと、ネコ自身が考えているのだといえます。

なお、このだらしないポーズは、野生のネコはまず見せません。飼い猫だからこそのリラックスポーズであり、そのネコが、家の中や飼い主に対して、信頼感を覚え、安心しきっている証拠なのです。

愛猫がこのポーズを見せてくれたということは、飼い主を強く信頼しているということです。

ホンヤク

「平和だわ〜!!」

キモチメーター

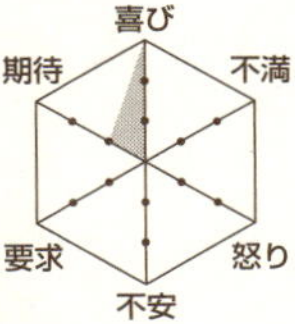

コラム③

知らなきゃソンソン! ネコと飼い主が幸せになれるキャットサービス

ネコが単なるペットから家族の一員へと変わり始めてきた頃から、ペットサービスもかなり多彩になってきました。

ネコがより幸せに、より安心して暮らせるようにと、さまざまな企業や獣医師が取り組んできたサービスの中から、とくに「使える」最新のキャットサービスを紹介していきます。

いざというときに役立つ情報ばかりですよ。

ペットドック 病気の早期発見・早期治療につながるネコ用健康診断

●『ペットドック』ってナニ?

ネコの健康は、飼い主にとってもっとも気にかかるテーマです。何かあってからではなく、日頃から健康管理の目安があれば……そんな風に思う飼い主も少なくないでしょう。

　そんな人にオススメしたいのが、「ペットドック」です。

　これは、いわゆる人間ドックのネコ版。元気いっぱい健康そのもののネコでも、定期的に健康診断をしておくことで、病気の早期発見や生活習慣の改善ができるようになるという、大変便利なサービスです。

●どんなことができるの?

　ペットドックの検査項目は各クリニックによって多少の違いはありますが、問診・触診から血液検査、尿・便検査、レントゲン検査、超音波検査、心電図検査などが選択できます。このほか、飼い主自身が心配な項目があれば、より詳しい検査もできます。かかる時間や費用もさまざまですが、大体は半日程度で終わり、10000円~30000円ほどが多いようです。

　このとき、ぜひ受けて欲しいのが血液検査。腎臓や肝臓の具合が血液の数値からわかり、ネコの現在の健康状態を知ることができます。

また、イヌの多くはフィラリアという病気の予防のために採血し、そのとき血液検査も受けるのですが、ネコにはなじみがないため、自分の愛猫の血液型が何型なのか知らない、という飼い主が多いのが現状です。

手術を受けるなど、輸血が必要となったときにあたふたしないために、血液検査で血液型を見てもらうこともオススメします。

ペットの寿命はどんどん延びていますし、ネコは5歳くらいから成人病やホルモンの病気が増えます。

かかりつけの動物病院にて、ペットドックを行なっているかどうか、まずは問い合わせてみてはいかがでしょう。何も病気が見つからなかった場合でも、健康なときの数値をあらかじめ知っておけば、あとで役立ちます。

動物救急車　真夜中の緊急事態に即対応してもらえるネコ用ER

●『動物救急車』ってナニ?

夜、急にネコの具合が悪くなったときに、朝になるのを待ち続けるのは、飼い主にとって耐えがたいもの。そんなときに知っておくと便利なのが、ペット専用の「動物救急車」です。動物救急車とは、その名の通り獣医師を乗せた動物用の救急車です。

愛猫のようすがおかしいと思ったら、まず近くの動物救急車を抱える病院に連絡を。

カウンセリングを行ない、そこで緊急性が高いと判断されたら、すぐに救急車が出動します。

●どんなことができるの?

救急車には、出動前のカウンセリングで聞き得た情報から、必要となるであろう薬品や検査機器が積まれるほか、簡単な手術も行なえる程度の装備が搭載されています。

診察や処置は車内で行なわれ、ネコの容態が落ち着いたら、かかりつけの動物病院へ連絡表を送ってもらえるので、その後の治療もスムーズです。

さて、気になる料金ですが、東京都内と関東の一部を往診エリアとしている「F＆S動物救急」の場合、往診料が約8000円、診察料は約13000円で、ほかに薬品料や検査料などがかかります（2012年10月現在）。

病院によって価格は異なるので、詳しくは各病院のホームページなどで確認しておくと安心です。

往診専門動物病院 ナイーブなネコでも安心できる訪問型ドクター

●『往診専門動物病院』ってナニ？

ネコは慣れない場所が苦手です。とくに、独特な空間の中に知らない人や動物であふれる動物病院が大の苦手。たいていのネコは動物病院に行くたびにストレスを感じているようです。

中には、ネコが病院を嫌がるからと、異常が見えても放置している飼い主もいるようですが、処置が遅れたら一大事です。移動のストレスを少しでも軽減してあげたいというのなら、往診専門の動物病院を利用してみては。

獣医師が自宅にやって来て診察を行なうタイプの病院で、ネコに移動のストレスを与えないばかりか、時間をかけてゆっくりと診察をしてもらえるなど、ネコの飼い主の評価は高いといいます。

●どんなことができるの？

利用方法は、ネットか電話で事前に往診日時を決めておくだけです。症状に合った往診セットを持った獣医師がやって来て、予診をし、実際の診察に移ります。

価格はやはりクリニックによって異なるので、事前に聞いておきましょう。

病院嫌い・移動嫌いのネコの飼い主だけでなく、家族に小さな子どもや病人がいて、家から離れられない……そんな理由で、なかなか動物病院に行けず困っている飼い主にも、オススメです。

早めの治療で、ネコの健康を保ちましょう。

キャットシッター 家をあけがちな飼い主が安心できる強力サポーター

●『キャットシッター』ってナニ?

旅行や出張が多い、あるいは残業続きで家を空けがちで、愛猫がさみしがっていないか、事故にあっていないか心配でならない……という飼い主は、シッターを頼んでみるのも手です。これはベビーシッターのペット版で、留守宅に来てネコの世話をしてくれるサービスです。

ペットホテルもありますが、前項でも触れたように、ネコは慣れているわが家で過ごすほうが、ストレスが少なくリラックスしていられます。

利用するにあたっては、ネコとの相性はもちろん、どんな人が来るのか、家に他人を入れて大丈夫かなど、飼い主側も不安に思うことはたくさんあるでしょう。その点、事前にネコと飼い主とでシッターと面談の時間が設けられているので、安心です。

●どんなことができるの？

キャットシッターのおもな仕事内容は、食事の世話、トイレの掃除、ブラッシング、遊びなどです。もちろん、神経質で人見知りなネコの場合は、「食事とトイレと健康の確認だけお願いする」というように、臨機応変に対応してもらえるでしょう。

シッターを頼んだら、当日はいつものフードやトイレ用品をわかるところに置いておきます。かかりつけの動物病院の診察券もあらかじめ決めておいた場所に置いておき、何かあったらすぐ連れて行けるようにしておくことです。

なお、自宅を人に見られるからと、部屋の中を念入りに片づける飼い主がいますが、やりすぎはかえってよくありません。部屋のようすが急に変わると、ネコが落ち着けず、本末転倒ですので、ほどほどにします。

ペット共生住宅　飼い主もネコも気がねなく暮らせる最新型マンション

●『ペット共生住宅』ってナニ？

最近は、「ペット可」のマンションやアパートが増えてきました。ネコやイヌの飼い主にとっては喜ばしいことなのですが、ペット可のマンションにはじつは落とし穴があります。

「ペット可」とは、言い換えれば「ペットを飼ってもいい」ということで、すべての住民にペットがいるとはかぎりません。中には、空き部屋をなくすために、大家があとからペット可としているマンションもあり、動物嫌いな人とのあいだでトラブルが発生する……というケースもあるのです。

とはいえ、迷惑をかけないようにと縮こまって生活をしていたら、せっかくのネコとの日々も、ストレスばかりで楽しめませんね。

そんな肩身の狭い思いをしている飼い主に朗報があります。「ペット共生住宅」という家が、近年続々と誕生しているのです。

これは、人とペットがともに快適な生活を送るために造られた専用の住宅です。まず、最初からペットとの共生のために設計・建築され、それをアピールしているのですから、ペット嫌いの人がわざわざ入居することがないのが、魅力です。

●どんなことができるの?

その上で、各部屋にはネコの爪とぎに対応できるよう、下半分が張り替えられるタイプの壁紙が使われていたり、動物が出入りできる小さなくぐり戸がつけられていたり、すべらず足音が響きにくい床材が張られていたりと、工夫されています。

また、水拭きや掃除のしやすい建材が使用されているので、粗相があったときにも安心です。このほか、玄関やバルコニーにはネコが飛び出さないようフェンスがとりつけられていたりもするので、脱走の危険も防げます。

もちろん共有スペースもペットのための工夫がたくさんあります。これはおもにイヌ用となりますが、エントランスに足洗い場や汚物処理用の水洗場があったり、リードをかけるフックがとりつけられたりしているのです。

最近では、かつての住宅公団、UR都市機構にもペット共生住宅が誕生しているので、家族でも利用しやすくなりました。

これで気がねなくネコとの暮らしを楽しめそうです。

第4章

分かっているようで分からない!?

ネコが送る「メッセージ」を読みとこう

57 左右の目の大きさが変わってしまったネコの気持ちは？

糸のように細くなったり、丸くなったり。気持ちの変化とともにくるくる変わるのが魅力的なネコの目。でもときどき、飼い主であっても「あれ？」と思ってしまうような変化を見せることがあります。

たとえば、左右の目の大きさがちぐはぐになってしまうときがあります。この変化は、はじめて会う人に無理矢理だっこされたり、新しい病院に連れて行かれたりと、ネコが苦手なシチュエーションに置かれたときに見られます。

ネコは「はじめて」の人に会ったり、「知らない」場所に行くのがとっても苦手。こうした状況に陥ると、すぐに緊張してしまうのですが、この緊張と不安、そして警戒心で一杯になると、目をいびつにゆがませることがあるのです。

変化としては、左右の目のうち、片方の上まぶたが下がって目が半開きになるような感じになります。すべてのネコに見られる変化ではありませんが、一度経験すると何度も繰り返すようになります。

このときのネコは、耳をぴたーっと後ろにつけて、体と小さくして固まっているでしょう。極度の緊張とともに、恐怖を感じ、まさにフリーズ状態です。

ですから、左右の目の大きさが変わってしまったときのネコの気持ちを翻訳すると、「もうダメ……」でしょうか。

ホンヤク

「もうダメ……」

キモチメーター

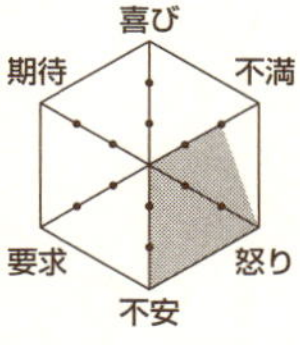

58 起きたばっかりなのに大あくび……まだ眠いの？

お昼寝後など、気持ちよさそうな眠りからさめたネコが、起き上がってぐーんと伸びをしたあと、大あくびをすることがあります。

あんなにずっと寝ていたのに、まだ眠いのかなと思うこのしぐさ、じつは「寝足りない」のサインではありません。

起きたばかりのネコがするあくびは、準備運動だと考えられます。これはあくびの機能からすれば、理にかなっています。

あくびは口を大きく開いて、体内に酸素を多くとり込もうとするしぐさです。生物は脳に酸素が足りなくなると眠くなるので、頭をはっきりさせるためにあくびをするのです。

つまり、あくびは眠くなったときに出るのではなく、頭をはっきりさせるために出すもの。ネコは「よーし、やるか！」と、気合いを入れるためにあくびをしているのです。

ただし、眠っているネコにちょっかいを出して、起こしてしまったときに見せるあくびは別です。「気持ちよく寝ていたのに……」と頭に来て、気持ちを落ち着けようとしてあくびをしているのだと考えられます。

これはいわゆる転位《てんい》行動で、ネコは葛藤したり緊張したりすると、まったく関係のない行動をとって気持ちを静めようとするのです。

たとえば、ネコじゃらしで遊んで興奮していたネコが、突然動きをとめて熱心に毛づくろいを始めたりするのも、転位行動の一種です。

ホンヤク

「よーし、やるか！」

キモチメーター

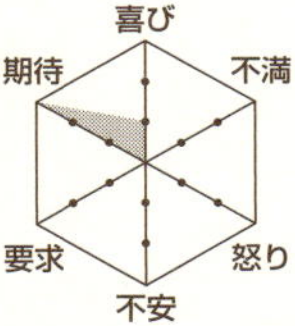

59

新しい食器を用意してあげたら、ごはんを残すように。なぜ?

ネコ用の食器が古くなってきたから、ひとめぼれした赤い深皿を購入。新しくなって喜んでくれるだろうとさっそく使い出したところ、それまでしっかり食べていた愛猫が、ごはんを残してしまいました。

この場合、飼い主はまず赤という色がよくなかったのではないかと考えるでしょう。ですがネコは人間ほど視力がよくないため、色が食欲に影響を与えたとは考えにくいといえます。

それよりも重要なのは、形です。おそらくこの食器は、ネコにとって食べづらい形だったのだと考えられます。

人間やサルと違って手を使えないネコは、舌でごはんをすくうようにして口に入れ、頭を上下に振って口の中に運んでいきます。そのため、舌が届きにくい深皿は、ネコの食器に合いません。また、一度ネコの唾液がカリカリにつくと、皿の底にはりついてしまうので、ますます食べにくく、残すことになってしまうのです。

ネコはこんもりと盛られたごはんのうち、いちばん舌が届きやすい真ん中あたりから食べるのが普通です。

ですから、ドライタイプを与える場合は、中央に集まるよう側面に傾斜があるものを用意してあげるとよいでしょう。

ホンヤク

「この食器は食べにくいなぁ」

キモチメーター

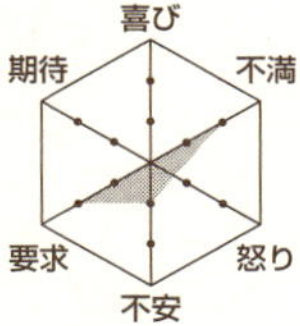

60

うちのコはいつも帰ると玄関前にいる。帰りが待ち遠しかったのかな?

仕事帰りに玄関を開けると、そこには愛猫がちょこんと座っていて、まるで「待っていたよ」といわんばかりにすり寄ってくる……。こうしたしぐさを見ると、飼い主の疲れも吹き飛ぶものです。

とくに、出かける前に見送ってくれるネコであれば、飼い主としては「一日中ここでずっと待っていたのかも」と胸が熱くなるでしょう。

ですが実際のところ、お留守番を任されているネコが、一日中玄関で待っていることはありません。たいていは見送りが終わると、すぐに自分のくつろげる場所に戻り、昼寝を始めます。留守番をしているあいだ飼い主に思いをはせる、なんてことはないのです。

ではなぜ、毎日決まった時間に帰宅するわけでもないのに、タイミン

ホンヤク

「お、帰って来たね」

キモチメーター

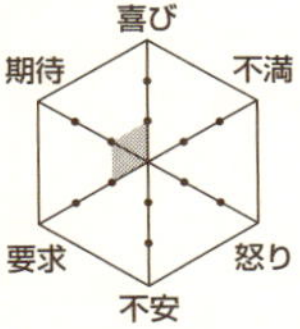

グよくお迎えに来られるのかというと、これはネコのすぐれた聴力に秘密があります。

ネコの耳は、人間には聞こえない2万ヘルツを超える周波数も識別でき、とくに音を聞き分ける能力にすぐれています。それも自分から遠く離れた地点からでも、どこから発せられた音かがはっきり識別できるほど。家族の足音を聞き分けるなど、ネコにとっては朝めし前なのでしょう。玄関前で待っているネコ語を翻訳するならば「お、帰って来たね」程度のドライな言葉になりそうです。

61 飼い主と同じポーズで寝るネコは、飼い主のことをどう思っている？

アンモナイトのように丸くなったり、お腹丸出しであおむけに転がったり、前足を腕組みするようにお腹の下にしく「香箱《こうばこ》」と呼ばれるポーズをとったり……。ネコの寝方はさまざまです。

これらネコの寝相を決める大きな要素は気温と安心度だといわれます。目安としては、気温が22度以下だと熱を逃がさないようにアンモナイト状態になり、28度以上になると熱を逃がそうとお腹を見せます。また、すぐに立ち上がれる姿勢ほどネコの警戒心は高く、お腹丸出しのような無防備で動き出しづらい姿勢をとるほど、リラックス度が高いといえます。

では、飼い主のそばで、飼い主とまったく同じ寝相をとるネコは、どんな気持ちでいるのでしょうか？

これは、ネコが飼い主のことを兄弟のように思い、強い愛情を感じているときに見られる寝相です。仔ネコの兄弟を見ると、いっしょに母ネコのおっぱいを飲み、同じ姿勢でくっついて眠っているはず。つまり、「おにいちゃん、おねえちゃん……大好き」と語りかけているのだと考えられます。

体のどこかをぴったりとくっつけるという動作も、親兄弟に対する親しみや愛情を飼い主に抱いているからこそといえます。

ホンヤク

▼
▼
▼

「おにいちゃん、おねえちゃん……」

キモチメーター

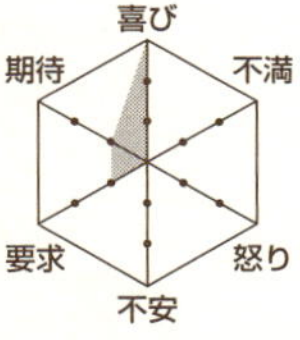

62

背中をなでてあげていたら白目をむいた！ 大丈夫!?

膝の上が大好きなうちのネコ。今日も窓辺でくつろいでいたところ、膝に乗ってきたので背中を優しくなでていました。

そんなおだやかな時間を過ごすうちに、ふとネコの顔をのぞき込んだところ、なんと白目をむいているではありませんか！

こんなとき、愛猫の表情を見て、ぎょっとする飼い主も多いでしょうが、あわてる必要はありません。目以外を見てみると、ヒゲはほどよく力が抜けていて、体もリラックスしているはず。

この場合、ネコの目は白目をむいているのではなく「瞬膜《しゅんまく》」が出ているのだと考えられます。

瞬膜とは「第三眼瞼《がんけん》（第三のまぶた）」とも呼ばれ、ふだんはまぶたの下に隠されている薄い膜のこと。目の前にいきなり障害物が出てきたときなど、一瞬だけ眼球を覆い保護する役目があります。

そんな瞬膜は、ネコが完全にリラックスした状態でも出ることがあります。とくに眠くなったときのネコの目は少し潤んでたれ目がちになるのですが、眠気が増すと瞬膜が目を覆うことがあるのです。気持ちを代弁すれば「あぁ、極楽。眠たいなぁ……」となるでしょうか。

ただし、病気のときやウィルスに感染したときも瞬膜があらわれることもあるので、あまりに長い時間戻らないようなら、獣医師に診てもらうことです。

ホンヤク

「あぁ、極楽。眠たいなぁ……」

キモチメーター

63 目の前を行ったり来たりしてはじーっと見てくるネコ。何が言いたいの？

飼い主が洗濯物を干している横を通り過ぎてチラリと目を向け、飼い主が洗濯干しを終えソファに座って雑誌を眺めていると、今度は前を横切ってジーっと見つめてくるネコ……。

このように何度となく飼い主の視界に入ろうとするコがいます。飼い主の視界にわざと入ってくるわけですから、何か要求があるのはたしかでしょう。ではいったい何を求めているのかというと、ごはんの可能性が大。とくに次のような特徴が見られれば、「ごはんをよこせ」アピールだと考えられます。

まず顔を見ると、いわゆる「飯待ち顔」をしています。「飯待ち顔」とは、目を半分閉じているような半目をキープしつつ、ジーッと飼い主を見つめる表情です。

また、体に目を移すと、自分の存在をしっかりアピールしようとして、しっぽはピーンと立てられているはず。さらに少しユラユラさせて注意をひこうとするネコも多いようです。

中には、ダメ押しとばかりにごはん用の食器の前と飼い主の前を、行ったり来たりするコもいるでしょう。

このとき、なかなか要求に応じないでいると、花びんを倒したり、ゴミ箱をひっくり返したりと、アピールがエスカレートすることもあるので、放置は禁物です。

ホンヤク
▼▼▼

「ごはん、ごはん、ごはん〜〜〜！」

キモチメーター

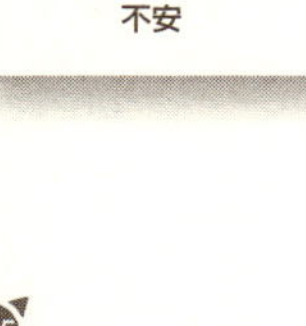

64 何もなくてもかんでくるコは何か不満がある？

出勤前に慌ただしく走りまわっていると足元に近づきガブッ……。このように脈絡もなくかんでくるネコが、少なからずいます。

こうしたネコを見て、単に凶暴な性格だからと片づけがちですが、一概にそうともいえません。ネコがかみつくのには、理由があります。

たとえば、

①人間に慣れていない
②恐怖心や痛みからくるもの
③縄張りを守るため
④狩猟本能から

などがおもな理由としてあげられます。

冒頭のネコのように動いている飼い主の足にかみつくのは、足を獲物に見立ててハンティング気分でいるのだと考えられます。このときネコは「獲物とったどー！」とばかりに興奮しているでしょう。

そのほか、日常的に忙しく、ネコと触れ合う時間が少ない家で、過去に「かみつかれて叱った」といったことがあると、「かみつくとかまってもらえる」と学習し、かみグセがつくこともあります。この場合、「もっと遊んで～」のアピールといえます。

かみグセで悩んでいる飼い主は、人間側に何か原因がないかよく考え、一緒に直していくようにするといいでしょう。

ホンヤク

「獲物とったどー！」「もっと遊んで～」

キモチメーター

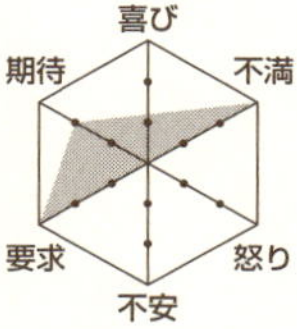

65

こちらが目を閉じたとき、ネコも目を閉じたら何のサイン？

飼いネコが自分に対し愛情を持ってくれているかどうかを知りたい人に、簡単にできるテストがあります。

①ネコに目を向け、目と目を合わせます。
②目が合ったら、そっと目をつぶってみます。
③このとき、こっそり薄目を開けてみて、ネコの目を確認します。

たったこれだけ。もし愛猫も目を閉じていたら、「君のこと好きだよ～」と思ってくれている証拠です。

ネコは基本的に、相手と目と目を合わせないことで敵意のなさを示す動物です。たいていのネコは別のネコと目が合うとスッとそらしたり、目を閉じたりして視線がからまないようにします。

人間は相手の目を見て話すのがマナーですが、ネコの世界は逆で、目と目を合わす行為は、ケンカをふっかけることになってしまいます。

さきほどのテストの場合、こちらが先に目を閉じたのですから、こちらが攻撃をするつもりがないことは、ネコに伝わります。

それに対してネコも目を閉じたということは、同じ気持ちでいるということです。

ネコに負担をかけることなく簡単にできるテストですので、ぜひ、試してみてください。

ホンヤク

「君のこと好きだよ〜」

キモチメーター

66

だっこしているとき、しっぽをくるっとお腹につけたらこわがっている？

ネコがそばにやって来たので、前足をかかえるようにだっこして膝に乗せてあげました。すると、しっぽをお腹にぴったりくっつけるようにくるっと巻きつけています。

もしかしてお腹が丸出しになるのが恥ずかしいのかな、と考えるところですが、ネコにそんな恥じらいの気持ちはありません。

お腹にしっぽをくっつけているとしたら、それは「こわいよ〜」というシグナルかもしれません。

ネコのしっぽはとても正直で、ネコの気持ちがそのままストレートにあらわれます。

だっこされて嬉しいときのネコは、しっぽをゆったりと波打たせるように動かしますが、ストレスを感じはじめるとパタパタと素早く動かします。そして恐怖を感じると、しっぽを巻くようにお腹にぴったりと巻きつけるのです。

普段おとなしくだっこされるネコがこのようなしぐさを見せる場合は、抱き方が嫌だったのかもしれません。

お腹を上にしたり、前半身だけや後半身だけで支えるような抱き方をすると、ネコの体が不安定になり、気持ちを不安にさせます。ネコをだっこするときは、体全体を両腕で包み込むようにして、安定感のある抱き方をしてあげましょう。

ホンヤク

「こわいよ〜」

キモチメーター

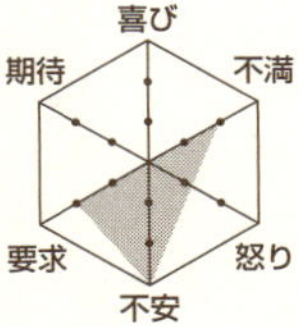

67

遊びに誘ったときフッと笑うようにして無視するのは、気分じゃないから？

ネコがヒマそうにしていたので、ネコじゃらしで遊んであげようと、近くで振ってみせたところ、いつもなら喜んで飛びついてくるのに、今日は反応なし。しかもフッと鼻で笑ったような顔をして顔をそむけてしまった……。

自分のネコがこのような反応を見せたら、小馬鹿にされたように思うでしょうが、ネコの本音を聞けば、そんな気持ちも薄れるはず。というのも、このときのネコは「今はちょっと……」という心境なのです。

笑ったように見えるのはヒゲをだらりと下げていたのを、瞬間的に動かしたからでしょう。こうした反応を見せるネコは疲れているか、眠いかのどちらかで、遊ぶ気分になれないのだと考えられます。

ネコは単独で生きる動物のため、自分のペースを大切にします。ネコが寄って行ったときには相手にせず、反対にくつろいでいるときにちょっかいを出したりすると、ネコにとってストレスになります。

ネコにとってはかまわれないストレスより、かまってほしくないときにかまわれるほうがストレスは大きいといいます。そのため、ネコの態度を見て、飼い主側が合わせてあげる必要があります。

人間に従うことを喜びと感じるイヌとは違い、ネコはあくまで自分本位。気分が乗らなければ、たとえ大好きな遊びでも無視をしますので、そんなときはそっとしておいてあげましょう。

ホンヤク

「今はちょっと……」

キモチメーター

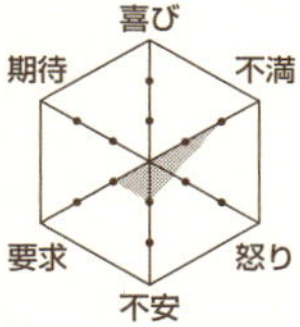

68 名前を呼んでも返事をしなくなった！耳が聞こえなくなったの？

以前までは名前を呼ぶと、鳴いて返事をしてくれたり、しっぽをピンと立てて喜びの気持ちを前面に出しながらそばに寄って来てくれていたネコが、最近は名前を呼んでも無反応……。どうしたのでしょう？

こういう場合、聴力を心配する前に、名前を呼ばれたときのネコのしぐさを、もう一度じっくり観察してみてください。

ほら、片方の耳をピクッと動かしたり、しっぽの先をピクピク動かしたりしていませんか？

このように、名前を呼ばれたときに耳を動かしたりしっぽを動かしたりするのは、「はい、はい、聞こえてますよ～」というネコなりの返事です。ネコと飼い主のつき合いも長くなると、名前を呼ばれるたびにしよっちゅう声を出したり足を運んだりするのは億劫に感じるようです。

そんな無精なネコのせいいっぱいの気持ちが、耳やしっぽを動かしてのお返事にあらわれているのでしょう。

それでもしつこく呼びかけ続けると、しっぽのピクピクの数が増えてきます。これは「聞こえてるよ！　うるさいな～」という意味で、さらにしつこく続けると、今度はしっぽをパタンパタンと大きく振り始めて「しつこいよ、いい加減にして！」とイライラを示してきます。

ホンヤク

「はい、はい、聞こえてますよ～」

キモチメーター

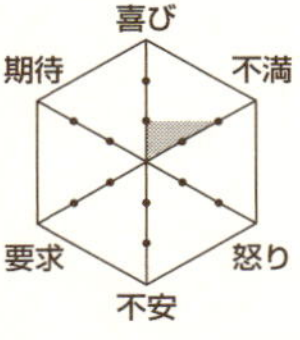

69 来客があると近くに来て座るけど、話に興味があるの？

来客があったときのネコはさまざまな反応を見せます。他人が家に入ってきただけで脱兎のごとく逃げ出し、どこかに身をひそめてしまうコもいれば、お客さんのまわりをウロウロしてニオイをかごうとするネコ、スリスリとすり寄って愛想をふりまくネコなどなど……。

そのうち、飼い主が座るソファの端にちんまりと座り、話に耳を傾けているかのような素振りを見せるネコもいます。

ネコに人の話がわかるわけでもないはずなのに、まるで会話に興味があるかのようなこの行動には、どのような意味があるのでしょう。

じつはこのネコ、ちょっとしたナイト気分でいるのかも。「飼い主さんは、僕が守るんだ」という決意のもと、飼い主と来客のあいだの空気を読んで和やかな雰囲気か、そうではないかをチェックしていると考えられるのです。こうした行動をとるネコは、飼い主が女性の場合に多く見られ、大切な人が変なことをされていないか、さりげなく見守っているのだといいます。

また、近くに寄ってくるわけではないのに、少し離れた位置からじっとお客さんを見つめているネコもいます。これは、興味があるのに、近づけないシャイな性格で、「気になるなぁ、けど怖いなぁ」と思っているのでしょう。人間側から近づくと警戒心から逃げてしまう可能性が高いので、飼い主があいだに入ってあげることです。

ホンヤク

「飼い主さんは、僕が守るんだ」

キモチメーター

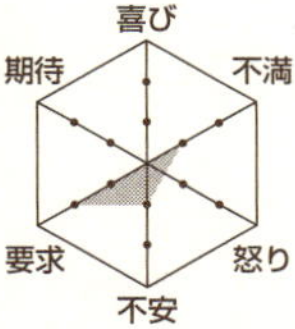

70 食器にオモチャを入れる行動は、何のアピール？

食器にごはんをよそってあげたところ、ネコがどこからかネズミのおもちゃをくわえてやって来て、食器の中に入れてしまいました。この動作には何か深い意味でもあるのでしょうか？

このようなネコの行為には、いくつかの理由が考えられます。

まずは、「所有権の主張」。おもちゃを置くことで、その食器は自分のものだと宣言しているのです。

また、「ネズミのおもちゃを狩りでしとめた獲物に見立てている」という可能性もあります。たとえ食べているものはキャットフードでも、気分的に狩りの達成感を覚えてから食事をすることで、満足感をアップさせているのだと考えられます。

また、「飼い主の関心をひくため」という場合もあります。過去におもちゃを入れたら飼い主が自分に興味を持ってくれたなどと覚えると、同じ行動に出るのです。飼い主が愛情過多だったり、関心不足だったりと、じょうずに付き合えていない場合に見られます。

そのほか、以前おもちゃを食器に入れたら、思いがけずおいしい食事がもらえたからそれを期待しているということもあります。偶然であれ、その幸運をネコが覚えていて、「これでまたおいしいごはんがもらえるかな～」と、期待を込めて行なっているというわけです。

ホンヤク

「これでまたおいしいごはんがもらえるかな～」

キモチメーター

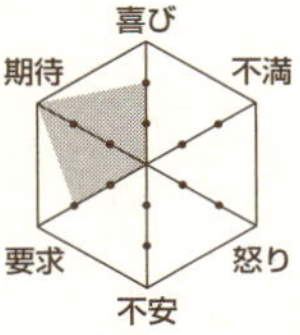

※左記の文献等を参考とさせていただきました。

『ネコ語がわかる本』石川利昭、『猫語大辞典―全127項目の猫のキモチを解説！』今泉忠明（以上、学研パブリッシング）／『猫に精神科医は必要か』ピーターネヴィル、『猫の言いぶん―飼い主に知ってほしいボクたちの本音』小暮規夫、『「ウチのねこ」の大疑問』石田卓夫・柴内裕子（以上、講談社）／『ネコがおなかを見せるとき―動物のお医者さんが教えるあなたの猫を幸せにする方法』野矢雅彦、『ネコの気持ちがわかる本―もっと知りたい、会話したい！』やまもとけん（PHP研究所）／『面白いほどよくわかるネコの気持ち―知っていそうで知らない繊細な感情表現の世界』竹内徳知（日本文芸社）／『ネコの達人』森田佳世子（徳間書店）／『キャット・ウォッチング―ネコ好きのための動物行動学』デズモンド・モリス（平凡社）／『猫と幸せに暮らすための100の約束―猫のベストパートナーになる』玉野恵美（主婦の友社）／『フォックス博士のスーパーキャットの育て方―ネコの心理学』マイケル・W・フォックス（白揚社）／『キャッツ・マインド―猫の心と体の神秘を探る』ブルース・フォーグル（八坂書店）／『猫のしくみ―雄猫フランシスに学ぶ動物行動学』アキフ・ピリンチ（早川書房）／『ネコのないしょ話―ネコごころがわかる13の物語』パム・ジョンソン（中央アート出版社）／『ネコと暮らせば―下町獣医の育猫手帳』野澤延行（集英社）／『ネコ好きが気になる50の疑問―飼い主をどう考えているのか?』加藤由子(ソフトバンククリエイティブ)/『飼い猫のココロがわかる猫の心理─ツンデレな猫を振り向かせる秘訣!』齋藤慈子(西東社)/『猫の気も知らないで─猫からヒトへの42の質問』ブルース・フォーグル(ペットライフ社)/『もっと猫と仲良くなろう!─大好きな猫のひみつ100』小泉さよ(メディアファクトリー)/『犬と猫おもしろ雑学ゼミナール─ゆかいな仲間のすべてがわかる本』宮野のり子(ブックマン社)/『ネコの心理─図解雑学』今泉忠明(ナツメ社)

ネコマニア・ラボ

いかにネコを喜ばせるか、いかにネコとの幸せな毎日を送るかを日々研究・模索しているネコ好きの集まり。ネコ好きによるネコ好きのための情報を収集・提供し、ネコの魅力をより広く世間に知らしめるための活動に奔走中。著書に『これでネコの気持ちがわかる71の大切なこと』、『これでネコと話ができる73の大切なこと』『これでネコがもっと喜ぶ75の大切なこと』(小社刊)がある。

これでネコともっと話ができる 70の大切なこと

2012年11月25日初版第1刷発行
2014年3月1日初版第2刷発行
編著:ネコマニア・ラボ

カバー・本文デザイン:安田真奈己
イラスト:ささきともえ

企　画:中島大輔(アース・スター エンターテイメント)
発行所:株式会社アース・スター エンターテイメント
〒150-0036
東京都渋谷区南平台町16-17
渋谷ガーデンタワー 11F
TEL:03-5457-1471
http://www.earthstar.jp/
発行者:幕内和博
発売所:株式会社泰文堂
〒108-0075 東京都港区港南2-16-8
ストーリア品川 17階
TEL:03-6712-0333
印刷・製本:株式会社 光邦

定価はカバーに表記してあります。
落丁・乱丁などの不良点がありましたらアース・スターエンターテイメントまでお送りください。お取替えいたします。

ISBN978-4-8030-0412-0